城市

景观设计方法与专项设计实践

宋振华 ◎ 著

中国水利水电出版社
www.waterpub.com.cn
·北京·

内 容 提 要

当今彰显城市特色已不仅仅是满足社会审美的精神文化需求，更是全球化背景下应对城市发展竞争中形象战略的重要需求。

本书以城市景观设计为研究对象，针对城市景观设计的方法与专项设计实践进行研究分析，其内容主要涵盖城市景观设计的历史与未来发展趋势、构成要素、形式美法则、设计实施、专项实践等。

本书思路清晰，内容有层次有条理，理论阐述深入浅出，是读者易读易懂，是一本有特色且不可多得的城市景观设计研究著作。

图书在版编目（CIP）数据

城市景观设计方法与专项设计实践 / 宋振华著. —北京：中国水利水电出版社，2017.8
ISBN 978-7-5170-5785-7

Ⅰ.①城… Ⅱ.①宋… Ⅲ.①城市景观 – 景观设计 – 研究 Ⅳ.①TU-856

中国版本图书馆 CIP 数据核字（2017）第 212689 号

书　　名	城市景观设计方法与专项设计实践 CHENGSHI JINGGUAN SHEJI FANGFA YU ZHUANXIANG SHEJI SHIJIAN
作　　者	宋振华　著
出版发行	中国水利水电出版社 （北京市海淀区玉渊潭南路1号D座　100038） 网址：www.waterpub.com.cn E-mail：sales@waterpub.com.cn 电话：（010）68367658（营销中心）
经　　售	北京科水图书销售中心（零售） 电话：（010）88383994、63202643、68545874 全国各地新华书店和相关出版物销售网点
排　　版	北京亚吉飞数码科技有限公司
印　　刷	三河市天润建兴印务有限公司
规　　格	170mm×240mm　16开本　16.75印张　217千字
版　　次	2018年8月第1版　2018年8月第1次印刷
印　　数	0001—2000册
定　　价	75.00元

凡购买我社图书，如有缺页、倒页、脱页的，本社营销中心负责调换

版权所有·侵权必究

前　言

　　城市是现代人生活居住的家园,"如何造就一个好的城市"也许是从古到今永恒的城市建设问题。人类社会的形成初期,人们考虑的是生存问题,有一个遮风避雨的场所就足矣,而伴随着人们的生产实践的不断进步,精神需求也在不断增加,城市设计也随之产生。环境问题的出现,警醒我们需要什么样舒适、卫生的工作、生活、休闲、娱乐等城市环境,并将其提升到城市设计的重要考虑范畴。因此,城市景观设计应运而生。

　　当今,彰显城市特色已不仅仅是满足社会审美的精神文化需求,更是全球化背景下应对城市发展竞争中形象战略的重要需求。城市特色已成为提升城市形象魅力、增强城市竞争的重要战略资源。然而,城市给人留下的第一印象,往往取决于它的外部形象,也就是城市景观所展现的直观视觉形象。因此,城市景观设计的个性特色成为城市形象竞争的重要战略资源。本书即针对城市景观的设计方法进行研究分析,并对一些专项设计实践进行细致的论述。

　　全书共分为六章。第一章"城市景观及其设计概念解析",对城市景观进行一个整体的论述;第二章"城市景观及设计的历史与未来发展趋势",对城市景观设计的历史、理论以及趋势等进行阐述;第三章"城市景观设计的构成要素",论述了城市景观中的自然、人工与人文要素;第四章"城市景观设计的形式美法则",从审美的角度上分析了城市景观设计的形式美,包括多样与统一、主从与重点、对称与均衡、节奏与韵律、比例与尺度、对比与协调等原则;第五章和第六章则是站在实践的角度上,论述了城市景观设计的原则、步骤与方法,根据不同的场景,如居住区、广场、公园、滨水，进行不同的景观设计实践，并实现整体的和谐统一。

  本书最大的特点是思路清晰、有层次，理论阐述深入浅出，使读者易读易懂。同时，本书吸收借鉴了最新的科研以及教学成果，在内容方面具有时代特色。

  笔者在撰写本书时，得益于许多同仁前辈的研究成果，既受益匪浅，也深感自身所存在的不足。笔者希望读者阅读本书之后，在得到收获的同时对本书提出更多的批评建议，也希望有更多的研究学者可以继续对城市景观设计这一学科进行研究，以促进其不断发展、日臻完善。

作者

2017 年 6 月

目 录

前 言

第一章　城市景观及其设计概念解析…………………………… 1
　　第一节　城市景观的概念解析………………………………… 1
　　第二节　城市景观的特征与分类……………………………… 3
　　第三节　城市景观设计的相关理论…………………………… 9
第二章　城市景观设计的历史与未来发展趋势………………… 19
　　第一节　历史长河中的城市景观设计………………………… 19
　　第二节　城市景观设计的理论思潮…………………………… 37
　　第三节　城市景观设计的未来趋势…………………………… 48
第三章　城市景观设计的构成要素……………………………… 66
　　第一节　自然景观要素………………………………………… 66
　　第二节　人工景观要素………………………………………… 106
　　第三节　人文景观要素………………………………………… 118
第四章　城市景观设计的形式美法则…………………………… 124
　　第一节　多样与统一…………………………………………… 124
　　第二节　主从与重点…………………………………………… 125
　　第三节　对称与均衡…………………………………………… 127
　　第四节　节奏与韵律…………………………………………… 130
　　第五节　比例与尺度…………………………………………… 133
　　第六节　对比与协调…………………………………………… 135
第五章　城市景观的设计实施…………………………………… 139
　　第一节　城市景观设计的原则………………………………… 139
　　第二节　城市景观设计的程序与步骤………………………… 143

  第三节 城市景观设计的方法……………………………… 155

第六章 城市景观设计的专项实践……………………………… 181

  第一节 景观建筑设计…………………………………… 181

  第二节 居住区景观设计………………………………… 192

  第三节 广场景观设计…………………………………… 201

  第四节 公园景观设计…………………………………… 223

  第五节 滨水景观设计…………………………………… 240

参考文献……………………………………………………………… 259

第一章　城市景观及其设计概念解析

城市景观设计作为一门空间的艺术,与人类的生活密切相连。城市是人类居住、生存最基本的空间,将城市的景观进行艺术化的处理,是人们解决人与自然关系的重要方式,而在设计的过程中,涉及了自然环境与社会环境的方方面面,也包含了各个学科的相关内容,是一种综合性的空间艺术设计方式。本章对城市景观及其设计概念进行论述和解析。

第一节　城市景观的概念解析

一、城市的本质

城市是人类社会发展到一定历史阶段的产物,当文明程度明显提高,物质财富与文化水平达到一定程度,城市的出现就成为人们生活和社会发展的主要象征。

从经济活动的角度来说,商品的出现、人们交换活动的频繁,使得人群聚集,直到定居生活,城市在这一经济活动的过程中自然而然地出现。因此,我们可以说城市的产生是源于商品经济的发展,而城市的发展又可以带动经济贸易的快速发展,这是一个双向互补的过程。从人类诞生后几千年的发展中,城市由最初的人类聚集点发展为集政治、经济、文化为一身的城市群,可以说城市的发展历程也是人类文明的发展历程。财富的私有化意味着个人占有一部分的物质财富,但这并不能提供生活所需要的所有物品,人们要通过交换来得到生活中所需要的各方面的物品。早期的城市简单来说就是市场的形成,随着物品的种类和数量不断增多,人们在交换时可选择的空间加大,交换行为固定且频繁,这就形成了市场的雏形。为了使这种行为更好地实现,固定的交换场所就形成了,我们所知道的早期城市就是简单的经济教化中心。北宋的世俗风景画《清明上河图》就是对早期城市的描绘,人来人往、车水马龙,一派热闹非凡的景象(图1-1)。

图1-1　[北宋]张择端《清明上河图》局部

从人类谋求自身安全的生物属性角度来说,人类会修建房屋为自己遮风挡雨,聚集在一起的人们会建造坚固城池,这些城池在古时就有重要的战略防御效果,为自身的生命财产安全提供了保障,也是自身生存的安逸场所。当代著名学者张光直先生在讨论城市概念问题时提到,中国初期的城市虽然不像西方那样完全是靠经济建立的产物,但经济也在发挥着重要的作用,只不过国家政权的确立才是对中国古代城市形成与发展具有重要推动作用的因素。

总之,城市的出现是一个必然的结果,在生产力水平发展到一定的程度,为了形成与之相适应的生产关系,城市这种形式就出现了。

二、城市景观的概念

城市景观(Urban Landscape)一词最早出现于1944年1月的《建筑评论》期刊中,标志着开始将城市景观置于艺术美学的视野之中,分析其艺术的物质表现形态。此后一些学者在对城市景观的理解上,除了追求具有良好视觉观感的物质形态,还有对城市本质和人类文明的深层次解读。

景观可以分为自然景观和人文景观。城市景观显而易见地是人文景观的一种,在城市实际的发展过程中,自然与人工景物元素互相呼应融合,综合塑造了城市的整体环境。

城市景观作为一座城市的社会生活、环境的外在表现形态,我们了解它,就可以了解一座城市的精神面貌,知道它的气质和性格,展现出这座城市的文化,同时体现市民的精神面貌与素质。城市是自然—经济—社会的复合系统,是生活在城市中的居民与其周围的环境相互作用形成的人工生态系统,这是人类在适应自然和改造自然环境过程中的一项伟大工程。城市的本质就是人类适宜的生存空间,它占据了一定的地理空间范围,人们在其中进行经济生产和生活的活动,各种城市所独有的生物、非生物和社会经济要素,通过物质和能量代谢等过程,它们相互联系在一起,形成一个动态的统一体,可以满足人们的各种需求。每座城市都是不同的,虽然有共同的组成部分,但是由于城市的地域、气候、文化等构成因素的不同,又有各自典型的特点,这也就要求在城市景观设计的过程中,要因地制宜,具体分析。

从广义上讲,城市景观还包含"城市环境""城市生活""城市意象"三方面,也就是包含了前文提到的"观"的含义,即对客观事物的审美感受。因此,城市景观具有文化特征等相关的社会属性。

第二节 城市景观的特征与分类

一、特征

（一）整体性

城市景观区别于自然景观的最大特征就是城市中的人为建造物,既有静态的硬件设施,也有动态的软件设施。城市中的建筑物和街道等景观均属于人工建构的产物,甚至城市中的公园、山体、河流也无不存在人造的痕迹。

城市的存在也离不开一定的自然条件,城市景观实际上是自然要素和人文要素的复合体,且表现为各要素间的交织与并存,在长期的形成过程中,逐步显现出它的整体性。

（二）地域性

城市特定的自然风貌和各自的历史文化背景,形成城市独特的、个性化的建筑形式与风格,构成了城市的地域性特征。由于民族风俗与地域环境等因素的综合作用,人们对空间景观的认识存在很大差异,在长期的建设实践中形成了特有的建筑形式与风格,也形成了每个城市别具一格的景观特征。正是城市景观自身的地域性特性,给人们留下了较为深刻的印象。西班牙巴塞罗那公园色彩斑斓,形成了自己独特的城市景观形象(图1-2)。

图1-2　西班牙巴塞罗那公园

（三）功能性

1933年,国际现代建筑协会拟订的《雅典宪章》中提出了城市的居住、工作、游憩和交通四大功能。围绕这四大功能产生了丰富的城市景观,如城市公共绿地景观、公共广场景观、居住环境景观、商业区域景观、办公区域景观、交通道路景观、工业园区景观和农业园区景观等。

（四）秩序性

秩序性是感知城市景观有序性效果的特性之一。首先，自然景观是有秩序的客观存在，反映了自然界的规律；其次，任何城市都有其自身的发展过程，它经历了不同时期的建设与改造，反映了该城市的不断演进与发展，使得城市景观具有一定的秩序性。

（五）复杂性

城市景观所处的环境，不仅存在着一定的自然基础，还存在着更多的人工景观要素。景观环境的复杂性一方面表现了景观本身的复杂，另一方面也表现出人们感知城市景观而产生的复杂性。

二、分类

（一）按空间形态分类

点状景观：是指相对于整个环境而言的点状，一般情况下是景观空间的三维尺度较小且比例较为接近，这类景观空间中会将主体元素放在突出的位置，容易使人们感受和把握它的重点。一般包括街头绿地、广场雕塑、居住区的花园等。

线状景观：主要是指线型的景观，常见的景观为城市交通干道、步行街道及沿水岸呈线性延展的滨水休闲绿地。

面状景观：主要指平面二维尺度均较大，内部包含较丰富的功能空间的景观类型。主要有城市公园、居住区景观、中央商务区景观等。

（二）按活动性质分类

纪念性景观：纪念性景观，最首要的要求是其纪念性，纪念的本质是"纪念过去，表现历史，并期望这种表现得以延续"。纪念性景观在传达景观所表现出的情感时,必须要以"纪念"为最本质的目的,这样才可以将群体性的记忆在景观中有所展现。主要表现形式有:陵墓景观、纪念碑景观、纪念雕塑景观、纪念园(图1-3)、遗址公园(图1-4)、名人故居等实体景观,还包括宗教景观、民俗景观等抽象景观。

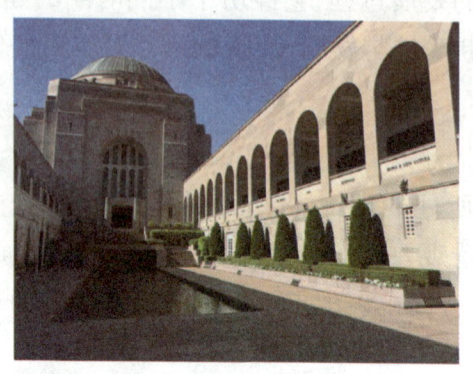

图1-3 澳大利亚堪培拉战争博物馆

图1-4 西安大明宫国家遗址公园

交通性景观:与人的交通行为相关,以驾驶者或步行者为主体实施交通行为或处于交通网络上看到及感受到的景观。主要包括公路、桥梁、水运、铁路、轻轨交通性景观以及航空交通性景观等(图1-5)。

商业区景观:指商业建筑或以商业功能为主的建筑单体以及群体的外部空间景观(图1-6),主要包括各类商业建筑单体外环境、商业综合体、商业街区、商业园区等以商业功能为主的景观。这类景观功能一般较为综合,通常以商业功能为主,另外辅以休闲、游憩、餐饮、娱乐等功能。

图 1-5　城市立交桥景观

图 1-6　苏州李公堤商业区景观

商务区景观：商务区是指城市中金融、贸易、信息等商务办公建筑较为集中的区域（图1-7）。一般为了便于现代商务活动，会融合商业、酒店、公寓、会展、文化娱乐等配套功能，并具备完善的市政交通与通信条件。在公认的国际性城市中，通常都会形成中央商务区（CBD）景观。

图 1-7　商务区景观

除了上述几种性质的城市景观类型外,常见的还包括:居住类景观(图1-8)、游憩类景观、文教类景观、工业类景观等。

图1-8 居住类景观

（三）按人际关系分类

公共性景观:一般指尺度较大,开放性强的景观建设,这种景观人们可以自由出入,在周边有较完善的配套服务设施,方便人们进行各种日常的休闲、娱乐活动,因此又被形象地称为"城市的会客厅"。

半公共性景观:有空间领域感,对空间的使用有一定的限定。

半私密性景观:领域感较强,尺度相对较小,比起私密性的空间,具有一定的开放性,人在其中对空间有部分的控制和支配能力。

私密性景观:这是个体领域感最强的一种景观,对外开放性最小,一般多是围合感强、尺度小的景观空间,有时是专门为特定人群服务的空间环境。

（四）按日常功能分类

这种分类方式与我们的日常生活关系密切,满足基本的城市活动功能要求,主要包括城市居民居住、休闲、购物的各种景观场所,例如:居住区景观、校园景观、商业街区景观、墟市公园、滨水区景观等。

第三节 城市景观设计的相关理论

一、景观视觉原理

景观的设计要满足人们的视觉要求,达到可观的目的,因此在设计时要根据人们的视觉要求,设计良好的路线和欣赏点。

(一)景观观赏

景观可以供人们游览观赏,同一景观以不同的观赏方式就可以产生不同的效果。因此,对城市景观规划设计而言,给人们提供恰当的观赏方式也是景观设计时要考虑的因素之一。如何使人达到赏心悦目、流连忘返的境界,组织好游览观赏是一个重要的环节。

1. 动态观赏与静态观赏

人们对景的观赏有动静之分。动就是游览,静就是休息。景观设计时应在动的游览路线上,布置多种景观,可采用步行或乘船的方式,此时周边的景物随着游人的移动而有所变化,景观规划时应考虑运行线路沿途的景观变化,达到步移景异,在重点区域可停留下来,对四周景物进行细致的观赏。静态观赏则是游人在一定的位置,坐下休息观赏周边的景物,此时视点与景物的位置不变,景观规划时多设置亭廊台榭,便于休息观赏周围景物。

人对景物的观赏规律通常是先远后近,先群体后个体,先整体后细部,先特殊后普通,先动后静,因此对景区景点的规划布置应注意动静结合。静态构图中,犹如绘画一样,主景、配景、前景、背景、空间组织和构图平衡等要重点考虑。

2. 观赏点与观赏视距

无论动态还是静态的观赏,人们观赏时所在的位置称为观赏点或视点。观赏点与被观赏景物间的距离,称为观赏视距。

视角:不转动头部而能看清景物的视域。垂直方向约为 26°~30°,水平方向约为 45°。

一般人的清晰视距为 25~30m;对景物细部能看清楚的视距为 30~50m;能识别景物类型的视距为 150~270m;辨认景物轮廓的视距为 500m;发现景物的视距为 1200~2000m;人们静观景物的最佳视距为景物高度的 2 倍或宽度的 1.2 倍。

根据以上原理,当人在三倍景物高度的视距时,此时仰角为 18°,可观看全景及周围环境;在二倍景物高度的视距时,仰角为 27°,基本能看清楚景物的整体;在一倍景物高度的视距时,仰角为 45°,只能看到景物的局部或细部。

3. 平视、俯视、仰视的观赏

在游览观赏中由于人的观赏视角或观赏视距不同,对景物的感受也就不同。游人的中视线与地平面的夹角不同,会产生平视、仰视、俯视的观景方式。

(1)平视观赏

平视是中视线与地平线平行而向远方延伸,游人的头部不动向前看就可以,舒展地平望出去,被观赏的景物垂直地面,上下无消失感,加强了观赏时的景深,使人感受到深远、安宁的气氛,不易产生视觉的疲劳,景观中多以平视观赏(图1-9)。设计时可设置在安静区并布置供休息远眺的亭廊水榭等。

图 1-9 平视景观

（2）仰视观赏

观赏者抬头上仰形成向上的视线,中视线不与地平线平行,与地面垂直的线有向上的消失感,这样的视角,景物在视网膜中会显得十分高大雄伟,让人有严肃巍峨之感。如果在城市景观设计中,设计师为了突出某一建筑的高大,会把视距安排在主景高度的一倍以内,不让观赏者有后退的余地,运用这样的视觉使景物变得高大（图1-10）。

图1-10 仰视景观

（3）俯视观赏

游人所在的位置视点较高,需要游人低头俯视才能观赏景物,景物多开展在视点下方（图1-11）。中视线延伸会与地平线相交,垂直地面的线会产生向下的消失感,故景物会显得十分矮小,并且越低就显得越小。用这种角度观赏景物时,会有视野开阔的惊艳感。

图1-11 俯视景观

（二）景观设计

在景观设计中，因借自然、模仿自然、组织创造供人游览观赏的景色谓之造景。

1. 主景与配景

景观设计中，要考虑景观观赏问题，抓主要矛盾，处理好主景与配景的关系。

主景常位于全园空间构图中心，是全园视线的焦点，起控制作用，配景不能喧宾夺主，要对主景起陪衬的作用。

突出主景的方法如下。

（1）主体升高

可产生仰视观赏的效果，并以蓝天、远山为背景，使主体轮廓突出鲜明，吸引人们的关注。

（2）轴线和风景视线焦点

一条和几条轴线的交点或端点常有较强的表现力，故常把主景布置于此。

（3）动势

一般四周环抱的空间，如水面、广场、庭院等，其周围景物往往具有向心性。这些动势可集中到水面、广场、庭院中的焦点上，主景如布置在动势集中的焦点上能得到突出。

（4）空间构图的重心

在规划式园林中将主景布置在几何中心上，在自然式园林绿地中将主景布置在构图的重心上，也能将主景突出。

2. 借景

在视力所及的范围内，不管距离远近，只要是优美的景色，都可以进行组织借景，将其放到景观设计的观赏视线上。

计成的《园冶》中有"园林巧于因借，精在体宜。借者园虽别内外，得景则无拘远近……"。借景能扩大园林空间，增加变幻，丰富园林景色。借景因距离、视角、时间、地点等不同而有所不同。

（1）远借

借园林绿地外的远处景物。如拙政园远借北寺塔。

（2）邻借

借邻近的景物,亦称邻借。如沧浪亭本无水,运用复廊邻借园外之水。

（3）仰借

以借高处景物为主,如宝塔、高楼、山峰等,仰借视觉较疲劳,观赏点一般宜有休息设施。

（4）俯借

居高临下,俯视低处。借低处的景色。

（5）因时而借、因地而借

借一年四季中春、夏、秋、冬的变化来丰富园景。如拙政园的听雨轩,在庭院中栽植芭蕉,利用下雨时雨打芭蕉的声音来听雨。

3. 对景与分景

（1）对景

位于园林轴线或风景视线端点设置的景物称对景。对景又有正对、互对之分。

正对：在道路、广场的中轴线端部布置景点,或以轴线对称的方式布景,形成对称轴,这种方式在西方的规则式园林绿地中经常使用。这样的布置会使得景物更加庄严雄伟,成为主景。

互对：在园林绿地中,在轴线或风景视线的两端设景,两景相对,互为对景。

（2）分景

分景能把园林绿地划分成若干空间,以获得园中园、岛中岛的境界,使园林虚实变换,层次丰富,其手法有障景、隔景两种。

障景：园林宜含蓄有致,忌一览无余,所谓"景愈藏,意境愈大",反之意境就会减小。在园林中可以抑制游人的视线,引导游人转变游览的方向,这种屏障景物均为障景,即"欲扬先抑,欲露先藏"。障景多设于入口处,并高于视线,景前留有余地,供游人逗留、穿越。

隔景：将园林绿地分隔为不同空间、不同景区的景物称为隔景。苏州园林常用漏窗虚隔，使窗另一边的景色若隐若现。水面通过桥或堤虚隔，增加景观的深远和层次。

通过运用视赏原理，对景进行观赏与塑造，形成丰富多彩的园林景观。

二、景观环境心理学原理

景观设计中的环境心理学，是研究环境与人的心理和行为之间关系的一个应用社会心理学领域。在景观设计过程中，无论设计师是布置一个广场景观空间还是一个植物景观空间，都有诸多环境心理因素需要考虑，不仅要考虑它们的空间位置关系，还要考虑与它有关的人的关系，从而达到最理想的设计效果。一座假山，远观山峰妖娆，层峦叠嶂，当人们爬上这座山，在其山洞中穿梭游憩时，对它又有了另一种感受。山并没有改变，只是人与它的联系不同，所感受的就不同，不同人又有不同的感受。这就是环境心理学研究的内容。

（一）公共空间

园林景观中公共空间和私密空间的设置是与环境心理学家提出的社会向心与社会离心的空间概念相对应的，人在景观环境中有聚集心理和私密心理要求。公共空间主要是满足群体活动如聚会、表演等，规划设计时考虑人在此环境中多以获取信息（视、听），表现自我（表演、演讲），参与交往（聚会、游戏、庆典）等内容为主（图1-12），应提供较宽广平坦的地面，并进行不同空间的划分，以满足不同人群的需求。

图 1-12　公共空间

（二）私密空间

人对私密空间的选择可以表现为一个人独处，希望按照自己的愿望支配自己的环境或几个人亲密相处不愿受他人干扰。

景观设计中地形的变化、景墙的分隔、植物的运用都是创造私密性空间最好的要素，设计师考虑人对私密性的需要时，可以在空间属性上对空间有较为完整和明确的限定。一些布局合理的绿色屏障、树荫下或是景墙及地面的高差变化都可以提供私密空间，在静谧空间中，人们可以读书、静坐、交谈、私语（图1-13）。

图 1-13　私密空间

（三）空间领域

在个人化的空间环境中，人需要能够占有和控制一定的空间领域。安全感是人类最基本的心理需求之一，表现为人们在环境中将希望依托于一定的背景下，并要随时能观察到外界，避免自己完全暴露在外（图1-14）。人们都趋向于坐在公园中的树荫下、广场的边缘地带，而广场中心则由于缺乏心理安全感常常无人问津。景观设计应该尊重这种个人空间，使人们获得稳定感和安全感。

图1-14　安全空间

（四）景观实用性

景观是为人服务的，失去了人，再好的景观也会失去意义。景观设计其功能应该是多样化的，不仅有以针对游赏、娱乐为目的的，而且还应有供游人使用、参与以及生产防护功能的，参与使人获得满足感和充实感。

（五）景观宜人性

景观是指具有视觉审美的对象。在现代社会里，景观不仅具有经济实用功能，还应具有美的、令人愉悦的功能，必须满足人的审美需求以及人们对美好事物热爱的心理需求。

好的景观环境设计，不但要满足人的生理要求，还应满足人的心理要求。设计师通过研究环境心理学,改善环境设计与策划中普遍存在的脱离实际、追求形式等问题,使人们在使用时达到舒适、愉悦的感觉。

三、景观行为心理学原理

中国古典园林造园手法,注重神韵和风格,诗情画意,创造意境空间。现代景观发展到今天,在"以人为本"的设计原则下,设计师更应注重考察、分析、理解人们日常活动的现象、行为、空间分布规律并根据具体原因进行设计,才不至于使设计出的景观空旷,只有艺术性而无使用性。

（一）遵循人的轨迹

设计是为了人。在长期的设计思考过程中景观设计师会形成一个经验,设计的景观与人的联系往往比景观本身更重要。以设计座椅为例,当设置的位置不同,人们的使用情况也不同。座椅直接设置在路边,对路人有"行注目礼"的感觉,路人也对座椅上人的交谈等行为有影响；而当座椅设置较隐蔽时,相对路人和座椅上的人都能有一定的私密空间,尤其是很多人使用的这种情况,路人与座椅上的人互不干扰。道路仍然是那条道路,由于改变了设置的方式和空间,形成不同的使用效果。人们长时间在直路上行走会产生乏味、无聊的感受,因此在设计游步道时,常以曲线形式来降低视觉疲劳的感受,以增加行进中的趣味性。

（二）需求引导功能

景观是为公众服务的,不同性别、年龄的人群对景观环境的要求表现出不同的行为方式。老年人喜欢在公共场所晨练、跳健身舞,设置场地时应考虑需要一定规模的场地与相对较有围合感与安全适宜的环境；儿童喜爱有游戏器械的场所,则需要一块开阔的场地，既可以是一块硬质铺装，也可以是一块草地或沙坑，应布置一些有攀爬功能的游戏器械；中青年人则喜欢能够参与其中的活动和比较静谧的交谈空间。设计师只有在充分了解不同人群的行为方式后，才能设计出适合人们需求的，满足人们使用的景观环境。

第二章　城市景观设计的历史与未来发展趋势

同人类漫长的历史相比,城市景观演变的历史是极为短暂的。人类历史上第一个城市的出现不过9000年前,但就是在这短短的9000年间,尤其是工业革命以来短短的几百年间,人类的城市景观发生了翻天覆地的变化。

第一节　历史长河中的城市景观设计

一、工业革命前的城市景观设计

工业革命以前,世界上的城市景观因国家与民族的不同而特点各异,我们很难用统一的标准进行概括。概括来说,那个阶段城市景观总的特点主要有:

(1)城市的规模不大,普遍意义上,一般规模有几万人就比较可观了,这是由于生产力的特点所决定的。当然,也有例外的情况。城市的最大规模有的接近百万,如古代罗马、中国的长安城等。

(2)城市大多有城墙环绕,这是因为工业革命以前人类战争频繁所导致的。

(3)西方城市大多有中心广场,广场四周是宗教和政府的建筑物。与今天城市中心是商业区不同。

(4)西方城市从中心广场放射出宽阔的林荫道,市中心林荫道两侧居住着富人。在步行交通时代,市中心是最佳位置,方便去宗教与行政机构。

（5）这是最重要的一点，宗教在城市景观中占据重要地位。宗教在工业化以前的城市景观中占据重要地位，这几乎是工业革命前不同文化背景的城市的共同特点。

美国建筑学家凯文·林奇用归类的方法概括出人类城市原型：一是神秘主义——宇宙城市原型；二是理性主义——机器城市原型；三是自然主义——有机城市原型。工业化以前的城市景观，属于神秘主义——宇宙城市原型。主要特点是自然的力量被突出，自然力量与人文结合起来，城市成为人类与宇宙秩序之间的连接中介，整个城市景观弥漫着一种宗教神秘主义韵味。

二、工业社会的城市景观设计

工业革命是世界城市史上的转折点。在工业革命以前，世界范围内城市景观的变化是非常缓慢的。工业革命后城市景观变化巨大且迅速，正如美国建筑史家与评论家弗兰姆普敦指出的那样：在欧洲已有500年历史的城市在一个世纪内完全改变了。

（一）城市景观规划历史

工业革命最初是从欧洲开始的。工业革命拉动了城市化的进程，大量人口涌入城市，或是在空地上建立城市。一方面由于人口在较短时间内进入城市，而使大量欧洲中世纪遗留下来的老城无所适从，另一方面由于人类还缺乏规划经验，于是，在工业革命相当长的一段时间内，城市的发展比较混乱。

资本主义大工业的生产方式，铁路的修建，完全改变了原有城市的景观。工业在城市内部或郊区建立起来，工业区外围就是简陋的工人住宅区，形成了工业区与住宅区相间与混杂的局面。在交通方面，火车的出现是工业革命的一件大事。各个城市纷纷在城市中心或者市郊建立火车站，城市扩展后，城郊的火车站又被包围在城市之中，加剧了城市布局的混乱。人口也像资本一样

第二章 城市景观设计的历史与未来发展趋势

迅速集中。"……村子扩大为城镇,城镇扩大为大都市。城镇的数目成倍增长,50万人以上的城市也在增加。建筑物及其覆盖地区的面积,日益扩大,规模空前,大量的建筑物几乎在一夜之间拔地而起。人们匆匆忙忙的盖起房子来,而在重新拆旧建新时,几乎忙得没有时间稍停下来总结他们的教训,而且对他们所犯的错误也满不在乎。新来的人,孩子或移民,等不及新的住处。他们迫不及待地挤在任何能栖身的地方。在城市建设上,这是一个凑合将就的时期,大批供临时凑合使用的建筑物,匆忙建起"[1]。

资本主义的发展使原有城市难以适应发展的需要。除了兴起大量的新建城市之外,旧的城市普遍面临着变革的任务。不少城市针对这种情况,进行了改建,以适应新的发展需要。

其中,巴黎改建的主要方面有:

(1)拓宽了道路。在市中心开辟了95km顺直宽阔的道路,拆毁了49km旧路,在市区外围开辟了70km道路,拆毁了5km旧路。

(2)增加了绿化与开敞空间。修建了大面积的公园,并将宽阔的爱丽舍田园大道向东、西延伸,把西郊的布伦公园与东郊的维星斯公园的巨大面积引入市中心。

(3)注重城市美观。为美化环境,对道路宽度与两边建筑物高度都做了具体规定。

(4)功能分区尝试。把巴黎市中心分散成几个区中心,适应城市结构的变化而产生的分区要求。

英国的伦敦也进行了比较大规模的改造。在1666年伦敦发生大火灾,整个城市几乎毁灭,这正好为城市的改建创造了条件。在改造中,城市的布局以及建设主要依据着经济利益原则,而不是以往那种行政原则与宗教原则,表明了资本主义对城市的主导作用。

随后,这种城市改造一直进行,有的改造成功地处理了旧城

---

[1] 魏向东.城市景观[M].北京:中国林业出版社,2006.

与新区的矛盾,有的则采用最粗暴的方式,推倒重建。在城市建设中,功能主义规划逐渐出现,这种规划遵循经济和技术的理性准则,把城市看作是巨大的、高速运转的机器,以功能与效益为追求目标,在城市建设中注意体现最新的科学技术思想和技术美学观念。功能主义规划理念是:

(1)承认大城市尤其是其中心在经济、社会、文化上的重要性,它的集聚功能不能被替代。对它的矛盾不能采取回避态度,而应当通过技术手段加以解决,使其在工业化现代化进程中发挥更大的作用。

(2)现代化城市是高效率的城市,是交通信息十分发达的地区,因此新的城市规划应体现这一特点,效率和速度就是城市的生命。

(3)现代化大城市拥挤、环境不佳,所以要通过提高建筑层数解决拥挤问题,增加城市绿地,提高环境质量,并增加服务设施,提高城市居民生活质量。

(4)现代化大城市在空间艺术上要有新的追求,要寻找能代表时代精神的城市风貌与象征。

功能主义规划的代表是《雅典宪章》。1933年国际建筑协会在雅典开会,制定了《城市规划大纲》,总结了城市的弊端,并提出了城市的应对思路,这就是城市规划史上著名的《雅典宪章》。它指出城市规划的目的是解决居住、工作、休憩与交通四大活动的正常进行,人们应当通过城市规划解决城市空间出现的问题,其中主要方式是功能分区。

为解决以上问题,《雅典宪章》指出了城市规划功能分区的道路。这既是对此前西方城市改造的一种总结,也为以后的城市改造指出了方向。不但发达国家按照这条路线进行,许多二战后独立的发展中国家城市,如印度的昌迪加尔城以及巴西的巴西利亚城,也遵循着《雅典宪章》的原则。

1965年巴西迁都,定址于巴西利亚,由于这是一块空地,因此功能主义的城市设计得以有力地实施。整个城市类似飞机形

第二章　城市景观设计的历史与未来发展趋势

状,象征巴西是一个高速起飞的发展中国家。机头是三权广场,是国会、总统府以及最高法院的所在地,同时遍布着政府机关大楼。机身长8km,是交通的主轴,其前部是宽250m的纪念大道,两旁是高楼群。飞机两翼是长度大约13km的弓形横轴,沿着"八"字形的帕拉诺阿湖畔展开。这里分布着商业区、住宅区与使馆区。飞机尾部是文化区与体育运动区,末端是工业区与印刷出版区(图2-1)。

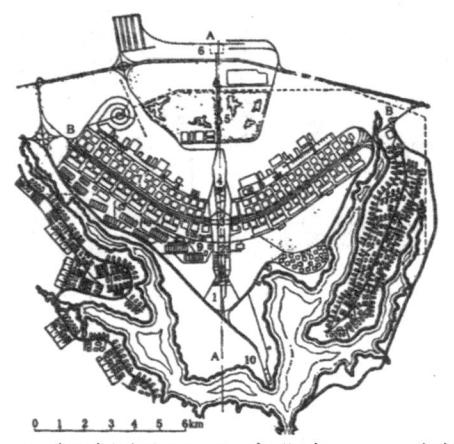

1.三权广场；2.行政厅地区；3.商业中心；4.广播电视台；5.森林公园；6.火车站；7.多层住宅区；8.独院式住宅区；9.使馆区；10.水上运动设施

图2-1　巴西巴西利亚城平面图

（二）城市景观尺度的历史演进

工业革命以来,城市景观最大的变化是尺度的增大,城市不仅变高,而且变得更大。随着科技的进步以及钢结构的应用,城市景观日益向"高"发展。城市景观的显著特色就是摩天大楼的出现。摩天大楼的出现具有重要意义。一方面,它显示了人类的创造力量,改善了人们的居住,节省了城市用地。另一方面,也带来一定的负面效应,如规模不经济以及安全隐患等。

1931年美国建成102层高381m的纽约帝国大厦,1969年以前一直是世界最高的大厦；1969年美国建成的110层高443m

的芝加哥西尔斯大厦(图2-2),成为世界最高;1996年马来西亚建成的高450m的双塔石油大厦取代了美国芝加哥西尔斯大厦的冠军地位(但美国的西尔斯大厦有异议)。中国于1997年建成的上海金茂大厦为95层,建筑高度421m,结构高度395m,也跻身于世界最高大厦行列。

图2-2　美国芝加哥西尔斯大厦

随着经济的发展以及交通设施的改善,城市建成区日益扩张。仅以伦敦为例,它的扩张是非常显著的,从1800—1960年的空间图上,我们可以清楚地看到,伦敦的面积扩张了至少十几倍。

城市建成区的扩张还体现在郊区化上。郊区化实际上工业革命之前就已经发生,那个时候能够享受郊区生活的只是少数人。上层阶级中的一部分人希望过上独立、独特、私密、放松的生活,他们要"像修士般隐退,而又享受王公般的日子",于是便创造了郊区。郊区化最早出现在美国,原始的郊区表现为乡村别墅的集合体,大规模的郊区化发生在第二次世界大战以后。郊区化的原因较为复杂,有政治、经济乃至文化方面的各种原因。但必须指出,小汽车交通工具的普及以及道路交通设施的改善对郊区化的影响非常重大。

郊区化是以小汽车为交通支撑的。汽车不仅是一种交通工具,更代表着一种生活方式。郊区化最早兴起于美国,并发展势头较好,这与美国私家车的泛滥不无关系。早在1975年,美国的汽车数量就突破了1亿。平均不到2人就拥有1辆小汽车。美

第二章 城市景观设计的历史与未来发展趋势

国学者肯·扬与查利·梅森认为：居民从中心城市移到城郊的原因包括"汽油便宜,密集的公路网络和土地的有效利用"。郊区化是建立在小汽车的基础之上的,耗费大量能源,因此对生态环境保护不利。同时,郊区化是一种低密度扩张,加之建设停车场、道路等,土地资源浪费严重,同样不利于生态环境保护。

（三）城市景观生态的历史演进

工业化以来相当长的时间内,城市是一种无序的发展状态。引发了诸多的"城市病",城市生态问题是最严重的城市病,这在工业革命早期表现得尤为明显,一些早期的学者以及思想家对此都进行过深刻的揭示。

在一段时期里,城市景观最形象的概括当属"工厂林立,浓烟滚滚"。就工业革命最早的英国而言,当时伦敦的工厂如雨后春笋般兴建起来,高大的烟囱林立,整个城市烟雾缭绕,能见度极低。但这绝不是伦敦的个案问题,正如恩格斯所言,凡是可以形容伦敦的,也可以形容曼彻斯特、伯明翰、利兹,形容所有的大城市。这种状态持续了很长一段时间。英国学者克莱夫·庞廷在其环境名著《绿色世界史：环境与伟大文明的衰落》中写道："毫无疑问,如果生活在20世纪的人被运到一个世纪以前的某座城市中,他一定惊骇并被淹没在当地的气味中。这种气味来自成堆的腐烂垃圾、夹杂着一池池人畜的粪便的尿坑,它们常常堆满了街道,或者有时渗入当地的小溪或河流而在那里腐烂。刘易斯·芒福德称这种城市为"焦炭城",而且他认为,西方世界的每一个城市,或多或少,都有着焦炭城的烙印。

后来,一些国家在经济发展到一定时期,对环境进行了清理,城市环境有所改善,许多城市通过土地置换,建成了公园与绿地,尤其值得一提的是,美国纽约在市中心塑造了一个大型的"城市绿心"——中央公园。

纽约中央公园的面积达340万平方米。它位于曼哈顿的中央,共占150个街区,比欧洲的摩纳哥还大。中央公园有总长

93km的步行道,9000张长椅和6000棵树木,每年吸引多达2500万人次进出。园内有动物园、运动场、美术馆、剧院等各种设施。本来是一片近乎荒野的地方,现在是一大片田园式的禁猎区,有茂密的树林、湖泊和草坪,甚至还有农场和牧场,里面还有羊儿在吃草。在这样一个喧嚣繁荣的大都市开辟出这样一个巨大的公园,这一创举得到了举世称赞(图2-3)。

图2-3 纽约中央公园

英国的伦敦也对污染的泰晤士河进行了清理,泰晤士河又恢复了鱼虾成群的景象……

但是一些国家的城市,尤其是发展中国家的城市,城市环境状况仍然堪忧。

(四)城市建筑的历史演进

工业社会城市景观演进一个很重要的方面表现在建筑上,工业革命引发了一场建筑革命——现代建筑革命,以体现工业化时代的精神。刘先觉教授在《现代建筑理论》中对现代建筑的特点进行了总结。

(1)强调功能。反对"为形式而形式",提倡"形式服从功能"。设计房屋应自内向外,先平面、剖面,然后设计立面,建筑造型自由且不对称。设计以使用功能为核心,建筑设计与美术是两个不同的范畴。

(2)注意应用新技术的成就。使建筑形式体现新材料(水泥、玻璃、钢材)、新结构(钢结构、钢筋混凝土结构)、新设备和工业化施工的特点,建筑外貌应成为新技术的反映,而不去掩饰。

(3)体现新的建筑审美观。建筑艺术趋向净化,摒弃折中主义的复古思潮与烦琐装饰,建筑造型要成为几何形体的抽象组合,简洁、明亮、轻快就是它的外部特征。

(4)经济理性主义。大规模生产,标准化生产,减少成本,增加产出,符合少投入多产出的经济理性原则。[1]

现代建筑最集中的体现是柯布西埃,他是现代建筑、现代设计、现代城市规划的最重要的奠基者之一,对于现代主义建筑思想体系的形成,对于"机械美学"思想体系的形成都具有决定性的影响。柯布西埃在他的第一本论文集《走向新建筑》的一开始就写道:"一个伟大的时代开始了,这中间存在着一种新精神","工程师运用经济法则和数学计算及管理学把人们和宇宙的自然法则调和一致"。他宣称,设计和写作一样,应该建立在科学和所谓的"放之四海而皆准"的法规中,相信"有统一意图的章法和设计精神"可以促成集权的现代主义。[2]他主张设计上、建筑上要向前看,否定传统的装饰,他认为最代表未来的是机械的美,未来的世界基本是机械的、机器的时代,房屋是"居住机器"。

现代建筑是特定时代的产物。它适应了城市化发展的要求。众所周知,工业化拉开了城市化的序幕。城市化使大量的人口汇集于城市,由此带来了大量的居住需求,再加上欧洲两次世界大战后的重建,对住宅的需求量非常大。现代建筑以简洁、经济、实用的特点,在满足这种需求方面具有优势,因此,现代建筑的发展极为迅速。但现代建筑相对忽略了人们的多样性需求,这是其主要弊端。

(五)城市景观社会的历史演进

工业革命以来,城市景观在社会层面上表现出强烈的贫富分

---

[1] 刘先觉.现代建筑理论[M].北京:中国建筑工业出版社,1999.
[2] 魏向东.城市景观[M].北京:中国林业出版社,2006.

化。其实贫富分化的城市景观在工业革命以前就很普遍,只是工业社会又强化了这一现象,使这种现象大规模化与深层次化。在城市日益扩张的过程中,与富人体面的生活环境相比较,城市中许多人生活在"脏乱差"的环境之中。关于这一点,相关思想家以及学者的记录就有许多。

例如,美籍丹麦人雅各布·里斯在对纽约考察了20年之后,于1890年出版了《另一半人是怎样生活的》一书。该书描述了与第五大街富人区相隔几个街区的贫民窟的肮脏混乱。"贫民窟里居住着爱尔兰移民和山羊,沿着东区延伸达60多个街区,贫民窟里的经济公寓像一座座蜂窝般的兵营,其中许多房间,既不透空气,又不见阳光。由于没有卫生设施、厕所或防疫设施,公寓成了脏如猪圈的人类住所,臭气冲天,害虫猖獗。"当时一半人口居住在这种公寓中,其中大多数为贫穷的移民。[1]

随着生产力的提高与政府的干预,发达国家这一现象有所缓解,下层人以及贫穷者逐渐住上公寓式住所。而发展中国家这一现象目前却比较严重,"二元景观"是发展中国家城市的一个显著特征。印度的加尔各答就是一个很好的例证。

印度加尔各答是一个典型的"二元城市",虽然没有旧城,但是却有十分明显的贫富对比。城市中央是欧洲式建筑的街区,一片现代化的气息。而周围包围着大量贫民的住屋。城市的某些地方还保留原有封建社会的特征,城市里养有大量的牛群,在大街上漫游,阻碍交通,影响环境。

埃及的开罗分新旧二城,新城有宽阔的街道,巨大的广场以及欧式高层建筑,而旧区则是大量的低矮的土房。

1840年鸦片战争后,中国逐步沦落为半封建半殖民地社会,在帝国主义的侵略下,一些通商口岸被迫开辟"租界",这使得中国不少城市也具有"二元景观"。一方面是洋人与华人上层的住宅区,设施完善,景观幽雅,如上海的租界具有高层公寓住宅,花园洋房以及公园等;另一方面是广大劳动人民居住的棚户区,住

---

[1] 魏向东.城市景观[M].北京:中国林业出版社,2006.

第二章 城市景观设计的历史与未来发展趋势

宅条件极差。旧上海下层人民的住所通常为低矮的木结构建筑，环境很差。老城区由很小的方格形道路网组成，道路宽度2～3m，不能行车，而租界的道路宽度有10m，相差悬殊。1949年后，中国城市二元景观逐步减少。但由于历史原因以及社会经济中出现的一些新变化，这种现象仍在一定范围内存在。当前，"城中村"是中国城市二元景观的一种突出表现形式。城中村伴随着中国城市的扩张而形成，中国许多城市都有这种现象，有的城市还非常严重。由于城市的扩张难以实现均质发展，因此有的农村地区景观还没有来得及转换就被迅速的城市扩张所淹没。城中村不仅是一种景观问题，更引发了一定的社会问题，许多城市的城中村都是治安死角。其主要原因在于：

（1）城中村中居住区缺乏统一的规划，布局凌乱。

（2）城中村中公共设施匮乏，居住环境质量不高，缺少必要的市政基础设施。如一些民居的上下水存在严重的问题，楼上没有自来水，缺少排污系统，导致污水乱排，影响了环境质量。

（3）城中村建筑设计混乱。有城市建筑，同时又有农村建筑。建筑的高度也参差不齐，高楼与平房共存。农村住宅也不统一，有些富裕户建起了华丽的洋楼，而相对贫困的农户的房子则比较差（图2-4）。

图2-4 城中村

城中村是城市化进程过快与缺乏规划所引发的，解决这一问题，应当遵循城乡一体化的原则，将城中村纳入到统一的城市规划中。

三、后工业社会的城市景观设计

20世纪60年代以后,许多发达的资本主义国家开始进入了后工业社会,社会经济出现了许多新变化:传统工业在城市产业结构中不再占有主导作用,并将不再是经济增长的主要源头;标准化的商品逐渐被个性化的商品所取代;社会经济坐标由"物本位"向"人本位"过渡;科技日益向高精尖方向发展。与之相应,城市景观出现了一些新特点。

(一)城市景观布局多中心化

与以往城市单中心发展不同的是,后工业社会以来,城市开始了多中心发展趋势。

以往城市建设多采用环辐状发展,这种发展模式有很大弊端。

(1)城市呈"摊大饼"方式向外扩张,越摊越大,城市中心离自然越来越远,人们难以呼吸到自然的新鲜空气。

(2)城市呈"摊大饼"方式向外扩张,就难以顾及地形、地貌等自然因素,因此,从生态学的角度而言是不适宜的。

(3)城市呈"摊大饼"方式向外扩张,使城市中心的区位优势十分突出,造成城市中心的压力日益增大。城市中心一般都是旧城区,本来就难堪重负,"摊大饼"更使其雪上加霜。

相比单中心城市结构,多中心结构拥有更多的优势。

(1)多中心结构可以顺应自然,因地制宜、因势利导地安排城市用地,灵活性较大。

(2)多中心结构是集中与分散的有机结合。从集中的角度来说,由8个100万分中心组成的一个800万人口的大城市,居民可以享受到800万人口才能享受到的文明,如看歌剧等,这是一个100万人口的城市所无法比拟的。从分散的角度来说,居民可以克服800万人的大城市的弊端,享受到100万人的城市的优点,即接近自然,避免拥挤。

第二章　城市景观设计的历史与未来发展趋势

（3）多中心城市结构，可在城市之间的部分区域楔入大量的绿地与农田，使城市与乡村有机结合，整个空间结构呈现出半城半乡的结构。

多中心发展使城市建成区呈分散分布，加上郊区化作用，城市空间分散得更为严重，许多城市的建成区有连成一片的趋势，这使得世界上不少地方出现城市密集区。目前，世界上较大规模的城市建成区一共有六个。它们是：

（1）美国东海岸城市群：从马萨诸塞州的波士顿至华盛顿哥伦比亚特区，包括波士顿、纽约、费城、巴尔的摩与华盛顿等大城市以及附近的卫星城市等。

（2）北美五大湖城市群：分布在北美的五大湖附近。包括美国的底特律、克利夫兰、匹兹堡以及加拿大的多伦多与蒙特利尔。

（3）日本太平洋沿岸城市群：由东京、大阪、名古屋三大城市圈组成。从千叶向西，经过东京、横滨、静冈、名古屋，再到京都、大阪、神户，以及贯穿其中的诸多卫星城，整个城市群密度极大，面积仅占日本国土面积的6%，但人口却达到5000万。

（4）以伦敦为核心的英国城市群：以伦敦—利物浦为轴线，包括伦敦、伯明翰、谢菲尔德、利物浦以及曼彻斯特等大城市与众多的小城镇。

（5）欧洲西北部城市群：从荷兰的阿姆斯特丹至法国的巴黎一带，还包括德国的鲁尔区。主要有巴黎、阿姆斯特丹、鹿特丹、海牙、安特卫普以及科隆等。

（6）中国长三角城市群：包括上海一个直辖市与江苏、浙江两个省。长三角城市群总共有16个城市，它们是上海、台州、宁波、绍兴、杭州、湖州、苏州、嘉兴、舟山、无锡、常州、南京、南通、镇江、扬州、泰州等。

这六个城市群中，美国东海岸城市群最具典型性。该地区面积为13.8万平方公里，仅占美国国土面积的1.5%，却聚集了全国20%的人口，人口达4500万。沿大西洋海岸的狭长区域，长为960km，宽为48～160km。包括5个特大城市与若干个小城市，其建成区已经彼此相连。

另外,中国的长三角也是一个非常有活力的城市群。它以占中国1%的土地和6%的人口,创造了20%的国内生产总值,成为中国经济发展速度最快、经济总量规模最大的区域之一(图2-5)。

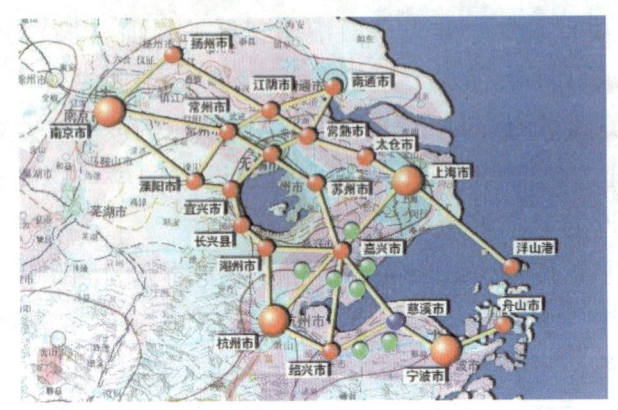

图2-5 长三角城市群分布

(二)城市景观生态化

后工业社会的另一个显著特点是生态倾向,这也是人类的一种理性选择。工业社会城市景观的构建以及城市的运营造成了许多环境问题,如大气污染问题、水污染问题、噪声问题、拥挤问题、地面沉降问题等,这些问题虽然并不都是由物质空间结构所致,但物质空间无疑是其中的一个重要原因。城市问题给人们的健康带来了一定影响,城市一度成为反生态环境的代名词。同时,地球也面临严重的能源问题,城市对能源问题负有不可推卸的责任。人们在付出了巨大代价之后,开始反思环境问题。基于此,人们也开始把这种反思付诸实际行动中。

构筑生态建筑是当今城市景观塑造的一大倾向。生态建筑,可以简单地理解为尽量减少对自然界不良影响的建筑。建筑是人为的产物;建筑活动是一种人工的活动,因而任何建筑的建成和使用,对自然生态系统都会产生一定的影响,造成一定的伤害,

第二章　城市景观设计的历史与未来发展趋势

而生态建筑就是尽可能地减少对自然的伤害，减少对自然生态系统的不良影响的建筑。

20世纪70年代以后，生态建筑付诸实践层面，联邦德国在柏林建设了一座生态办公楼。这座被命名为"生态技术3号"的大楼高7层，使用面积8100m²，大楼正面安装了64m²的太阳能电池板，所产生的能量供应整个大楼的用电与热水。大楼楼顶设置储水器，储备大量的雨水。储备的雨水先用来浇灌楼顶的草地，从草地渗下来的水回到储水器，然后流到大楼各处冲刷马桶。就整个城市而言，目前还难以做到像一座建筑物一样的循环机制，不过也在日益向这个方向发展。

注重生态改造利用，以节约能源，也是当前的一个倾向。如美国著名设计师哈格雷夫斯主持的比克斯夫斯填埋场公园就是其中一个案例。这个公园原址是一个废料填埋场，设计者因势利导、因地制宜，通过巧妙设计，将之设计成为一个公园，取得了极大的生态效益。

（三）城市景观人文化

城市设计注重功能主义，虽然给城市带来了明晰、秩序等特征，但同时也造成城市景观的僵化与凝固，城市的多样性和选择性受到削弱，城市空间变得异化，存在的意义也消失了。为此，一种以人为核心的城市规划设计思想在其之后兴起，并逐渐反映在城市建设的实践中，这就是人文主义的城市规划设计。这种设计反对抽象的教条，转而从具体生活经验和人对城市的感受出发，研究人的行为心理、知觉经验与环境之间的相互关系。它的规划设计特点是：强调人的尺度与生活感。具体表现在以下几个方面。

1. 强调城市土地的混合利用

《雅典宪章》强调功能分区，将城市分为居住、工作、游憩与交通四大活动分区，遭到了许多人的严厉批评。美国人本主义城市规划理论家雅各布斯强调城市应具有有组织的复杂性，城市应鼓励土地、建筑物与建筑群的混合使用。

从社会学的角度来看,混合的功用有助于人们的接触、交往,增加城市的宜人气氛和安全感,从经济学的角度来看,混合的功用能够对城市公共设施实现充分有效的使用。美国建筑师亚历山大认为,一个有活力的城市不是树形结构,而是一个半网络形。树形结构的定义是"对于任何两个共存于同一组合的集合而言,要么一个集合完全包含另一个,要么二者彼此完全不相干时,这样的集合组成形成树形"[1]。树形结构造成生活上的不方便,而且没有效率。相比之下,半网络是一种复杂组织的结构形式,是有效率的,有活力的(图2-6)。

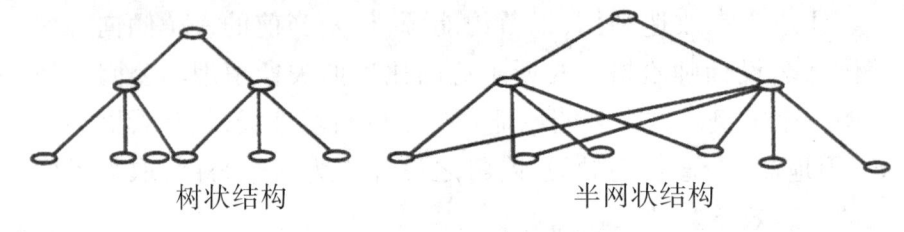

树状结构　　　　　半网状结构

图 2-6　城市土地的混合使用

目前,在一些西方国家,土地混合使用的情况大大增加。在美国,商住楼已经非常普遍,这一变化使办公室不只是白天办公的场所,而住宅也不只是晚上睡觉的地方,将住宅与商业有机混在一起。另外大型公用设施也开始实现混合使用,如美国纽约的旧火车站就被改造成一个集旅游、商业以及交通为一体的场所。

2. 强调城市建设中人的尺度

人文主义的城市规划,强调城市应符合人的尺度,而不应只是大尺度。为了达到这个目的,人文主义规划设计者从历史上一些宜人的城市尺度去学习,从传统中学习一些市民广场、乡土建筑与人行道路等设计样式,并融入现代人生活的内容。目前,符合人的尺度这一设计思想,在许多城市中越来越受到重视。

---

[1] 魏向东.城市景观[M].北京:中国林业出版社,2006.

3. 强调城市建设的多元性

人文主义规划设计者认为,人际交流产生的文化是城市的本原,文化的多样性与交流性是一个城市的最大特色,单一化的文化是愚昧而乏味的,单一化的空间是不宜人的。城市应反映出市民不断递进的物质生活和精神生活需求,以证实其超越时空的文化价值与模式。目前,尊重文化的多元性这一倾向已成为潮流。

4. 强调城市建设中的小规模

人文主义设计回避大规模的无弹性的几何图形设计,重视小规模的设计与非正式秩序,并推出了"小就是美"的原则,同时认为土地的混合使用与小规模是成正比的,土地的混合使用必然导致小规模。这一理念也越来越被世人所认同。

5. 重视人的情感需求

人文主义规划设计强调人对环境的归属感与场所感,认为归属感是人的一种基本情感需要,城市应当是一个可增加人生经验的活动场所。他们提倡人性化的设计,注重从人的心理角度研究环境。他们认为人与环境的互动是一个解码过程,人从知觉与联想方面对环境做出反应(解码过程),从环境中得到暗示与线索,从而满足人的情感需求。设计的过程实际就是一个编码过程,这种编码过程需要同人的心理需求相契合,以达到人与环境的统一,以便人们正确解码。目前,人文主义规划设计越来越被重视,后现代时代城市建设越来越注重以人为本与人文关怀。

(四)城市景观科技化

后现代社会是一个高科技时代,高科技反映在社会经济发展方面,也反映在城市的景观建设中。

城市景观的高科技倾向首先反映在城市的立体伸展,城市在向平面扩展的同时,空中空间、地下空间、水上空间的利用程度越来越高。

城市景观的高科技倾向其次反映在城市景观规划与设计的高科技性。目前，人们对景观的规划资料收集与预测可以借助于遥感技术，即航空遥感、航天遥感来完成。同时还可以通过现代空间信息管理技术，即地理信息系统原理及其技术（GIS）对相关信息进行运算，以便分析评价。

城市景观的高科技倾向再次反映在智能建筑上。智能建筑在20世纪末诞生于美国。当今世界科学技术发展的主要标志是4C技术（即computer计算机技术、control控制技术、communication通信技术、CRT图形显示技术），将4C技术综合应用于建筑物之中，在建筑物内建立一个计算机综合网络，使建筑物智能化，就是智能建筑的基本内容。智能建筑的目的是：应用现代4C技术构成智能建筑结构与系统，结合现代化的服务与管理方式给人们提供一个安全、舒适的生活、学习与工作环境空间，利用高科技更好地为人们服务。

目前，世界各国普遍兴起了智能化建筑的热潮。美国自20世纪90年代以来兴建的大多数建筑物都是智能建筑。其他国家也纷纷抛出智能化建筑计划。日本甚至提出由智能建筑到智能城市，新加坡提出了"智能城市花园"。

城市景观的高科技倾向另外还反映在动态性上。随着科技的进一步发展以及人类社会的不断进步，城市景观将进一步科技化。

（五）城市景观个性化

人类的天性是爱美，正如一些艺术家说的那样："只有通过装饰，我们才能获得尺度感；只有通过装饰，我们的眼睛才能得到放松与休息"。城市也一样，城市的天性也是追求个性。但一段时期以来，现代建筑占据了主导，建筑装饰被摒弃，代之以简单的直线。在现代建筑与全球一体化的影响下，世界城市出现了"特色危机"，复制、模仿，出现了"千城一面"的现象。当然，这是城市化加速发展特定背景下的产物。20世纪70年代以后，这一状况开始改变。

个性是一个城市区别于其他城市的本质特征,是一个城市的生命力之所在,是一个城市的灵魂。走入一个城市,我们很快就能从城市景观中区分出这是上海、北京而那是大连与青岛,这是个性使然。美国纽约的个性就是一座现代化的城市,高楼大厦比比皆是,令人目不暇接,而中国苏州的个性就是一座东方水城,水网交错,古色古香(图2-7)。

图2-7 东方水城——苏州

第二节 城市景观设计的理论思潮

一、城市景观设计理论发展的主要脉络

城市景观设计理论的起源具有多元性和复杂性。一些学者认为,其早期的思想根源可追溯到欧文、圣西门、傅立叶等乌托邦、空想社会主义;也有一些学者认为霍华德的"田园城市"、柯布西埃的"光辉城市"和赖特的"广亩城市"三者才是现代城市规划理论的起源。对西方近现代100多年的城市规划发展历史进行阶段划分,其主要有三种划分方式,具体见表2-1。

表 2-1　西方近现代城市规划发展历史阶段划分

划分依据	划分阶段
以时间的自然延续划分	① 1880—1910 年，没有固定规划师的非职业时期
	② 1910—1945 年，规划活动的机构化、职业化时期
	③ 1945—2000 年，标准化（Standardization）、多元化（Diversification）时期
以主流思潮为主线	① 1890—1901 年：病理学地观察城市
	② 1901—1915 年：美学地观察城市
	③ 1916—1939 年：从功能观察城市
	④ 1923—1936 年：幻想地观察城市
	⑤ 1937—1964 年：更新地观察城市
	⑥ 1975—1989 年：纯理论地观察城市
	⑦ 1980—1989 年：企业眼光观察城市，生态地观察城市，再从病理学观察城市
以时代和思潮相结合的方法划分	① 1890—1915 年，核心思想词：田园城市理论，城市艺术设计，市政工程设计
	② 1916—1945 年，核心思想词：城市发展空间理论，当代城市，广亩城，基础调查理论，邻里单元，新城理论，历史中的城市，法西斯思想，城市社会生态理论
	③ 1946—1960 年，核心思想词：战后的重建，历史城市的社会与人，都市形象设计，规划的意识形态，综合规划及其批判
	④ 1961—1980 年，核心思想词：城市规划批判，公民参与，规划与人民，社会公正，文化遗产保护，环境意识，规划的标准理论，系统理论，数理分析，控制理论，理性主义
	⑤ 1981—1990 年，核心思想词：理性批判，新马克思主义，开发区理论，现代主义之后理论，都市社会空间前沿理论，积极城市设计理论，规划职业精神，女权运动与规划，生态规划理论，可持续发展
	⑥ 1990—2000 年，核心思想词：全球城，全球化理论，信息城市理论，社区规划，社会机制的城市设计理论

下文将选取与现代城市景观联系密切的，且极具代表性的几种理论与思潮进行详细论述。

二、分散发展理论

(一) 田园城市理论

田园城市理论最早由英国人霍华德于 1898 年提出,其田园城市学说集中反映在《明日的田园城市》一书中。

霍华德认为:"城市环境的恶化是由城市膨胀引起的,城市无限扩展和土地投机是引起城市灾难的根源。"他建议:(1) 限制城市的自发膨胀,并使城市土地属于城市的统一机构;(2) 城市人口过于集中是由于城市具有吸引人口聚集的"磁性",如果能控制和有意识地移植城市的"磁性",城市便不会盲目膨胀。

霍华德基于对城乡优缺点的分析以及在此基础上进行的城乡之间"有意义的组合",提出了城乡一体的新型社会结构形态来取代城乡分离的旧社会结构形态,提出"把积极的城市生活的一切优点同乡村的美丽和一切福利结合在一起",认为城乡结合体可综合两者的优势同时也避免了两者的缺点。

霍华德设想中的田园城市是为健康、生活以及产业而设计的城市,它的规模能足以提供丰富的社会生活,但不应超过这一程度;四周要有永久性农业地带围绕,城市的土地归公众所有,由一委员会受托掌管。

田园城市的结构如下。

(1) 包括城市和乡村两个部分。在 6000 英亩(1 英亩 = 4046.86m^2) 土地上,居住 3.2 万人,其中 3 万人住在城市,2000 人散居在乡间。圆形的城市居中,占地 1000 英亩;四周的农业用地占 5000 英亩。

(2) 田园城市的平面为圆形,半径约 1240 码(1 码 = 0.9144 米)。城市中央是一个圆形中心花园,有 6 条主干道路从中心向外辐射,把城市分成 6 个区。

(3) 中心花园周围布局主要的市政设施(市政厅、剧院、图书馆、医院、博物馆等），其外绕一圈面积约 145 英亩（58hm²）的公园，公园四周又绕一圈宽阔的向公园敞开的玻璃拱廊，称为"水晶宫"，作为商业、展览和冬季花园之用。

（4）水晶宫向外共有 5 条环型的道路，这个范围内为居住区。5 条环路的中间是一条宽广的林荫大道，宽 130m，广种树木，学校、教堂布局其中。

（5）城市的最外圈地区建设各类工厂、仓库、市场、奶场等，向外一面对着外面的环境（农田、铁路干线等），向内一面是环状的铁路支线，交通运输十分方便。

为了防止城市的恶性膨胀，其规模必须加以限制，每个田园城市的人口限制在三万，超过了这一规模，就需要建设另一个新的城市。在绿色田野的背景下，若干田园城市组合在一起，呈现为多中心、复杂的城镇聚集区，霍华德称之为"社会城市"（图 2-8、图 2-9）。

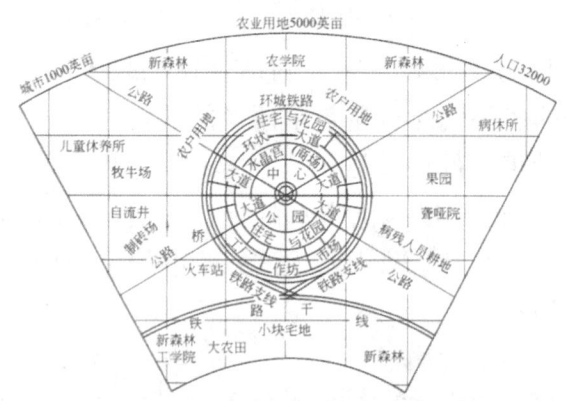

图 2-8 霍华德的田园城市平面

1904 年，在距伦敦 34mile 的莱切沃斯（Letch worth），是开始田园城市的规划实践的第一个城市；1919 年，在韦林（Welwyn）建造了第二座田园城市。

田园城市的形成有着重大的影响意义，首开了在城市规划中进行社会研究的先河，以改良社会为城市规划的目标导向，将物质规划与社会规划紧密地结合在一起。田园城市理论对现代城市规划思想起了重要的启蒙作用，对后来出现的一些城市规划理论,如有机疏散论、卫星城镇的理论颇有影响。

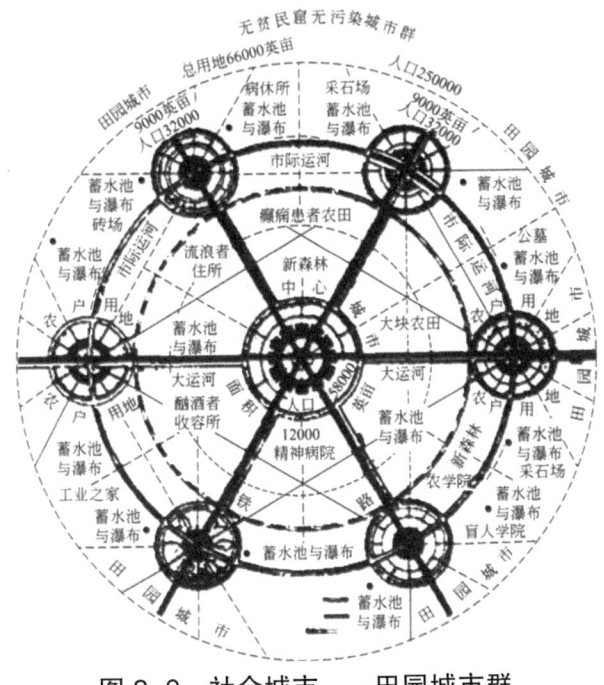

图 2-9 社会城市——田园城市群

（二）广亩城市理论

"广亩城市"是建筑大师赖特于 1932 年出版的著作《The Disappearing City》以及 1935 年发表于《建筑实录》上的论文《Broadacre City: A New Community Plan》中提出的一种城镇设想,是赖特的城市分散主义思想的总结,充分地反映了他倡导的美国化的规划思想,强调城市中的人的个性,反对集体主义;突出地反映了当时人们对于现代城镇环境的不满以及对工业化时代前人与环境相对和谐的状态的怀念。广亩城市,实质上是对城市的否定。赖特呼吁城市回到过去的时代,美国人将走向乡村,家庭和家庭之间要有足够的距离以减少接触来保持家庭内部的稳定。他认为大城市应当让其自行消灭。

赖特处于美国的社会经济和城市发展的独特环境之中,从人的感觉和文化意蕴中体验着对现代城市环境的不满和对工业化之前的人与环境相对和谐状态的怀念情绪,他提出的广亩城市的设想,将城市分散发展的思想发挥到了极点。20世纪五六十年代,美国城市普遍的郊迁化在相当程度上是赖特广亩城思想的体现。

(三)集中发展理论

现代建筑大师柯布西耶将工业化思想大胆地带入城市规划中,曾提出现代城市规划五要点:①功能分区明确;②市中心建高层,降低密度,空出绿地;③底层透空(解放地面,视线通透);④棋盘式道路,人车分流;⑤建立小城镇式的居住单位。

柯布西耶认为从中古时期发展起来的城市,已不能适应现代社会经济发展的需要,必须进行彻底改造。改造城市的基本原则是:城市按功能分成工业区、居住区、行政办公区等;建筑物用地面积应该只占城市用地的5%,其余95%均为开阔地,布置公园和运动场,使建筑物处在开阔绿地的围绕之中;城市道路系统应根据运输功能和车行速度分类设计,以适应各种交通的需要。他主张采用规整的棋盘式道路网,采用高架、地下等多层的交通系统,以获得较高运输效率;各种工程管线布置在多层道路内部。

柯布西耶对直线、直角、高度和速度充满了膜拜,并且运用几何和新的概率论及数理统计进行城市规划。他看到建筑技术和交通技术的发展已经让人们可以解决一些城市问题,如钢材可以提高建筑高度,从而扩大绿地空间和道路宽度,解决交通拥堵、光照不足的问题。他充满激情地构想了未来的梦幻之城、光辉之城、辐射之城等"垂直花园城市"。

1925年柯布西耶出版了《明日之城市》,在明日城市的规划方案中,他从功能和理性的角度出发,提供了一张300万人口规模的城市规划模式图,中心区除了必要的公共服务设施外,规则性地在周围分布了24栋60层高的摩天大楼,可容纳40万人居住。在摩天大楼之间的围合地域是大片的绿地,再向外是环形居住带,最外围是200万居民的花园住宅区。整个城市平面呈现出严格的几何形构图特征(图2-10)。

第二章　城市景观设计的历史与未来发展趋势

图 2-10　明日城市三维模型

柯布西耶的城市集中发展思想，一反当时反对大城市的思潮，主张全新的城市规划，认为在现代技术条件下，完全可以既保持人口的高密度，又形成安静卫生的城市环境。他首次提出高层建筑和立体交叉的交通体系设想，极具有超前意识，对城市规划的现代化起了推动作用。

（四）带形城市和工业城市

带形城市（linear City）和工业城市（Industrial City）是与田园城市同一时期的关于新的城市模式的探索，但是与霍华德的思想不同，这两种城市模式是由崇尚工业技术的工程师、建筑师基于现代技术提出的改造、建设城市的规划主张，也被称为"机器主义城市"的思想。

1. 带形城市

带形城市设想是由西班牙工程师马塔于1882年提出的，他希望寻找一个城市与自然保持亲密接触而不受规模限制的模式。在这一模式里，城市的各种空间要素紧靠一条高速、高运载量的交通线集聚并无限地向两端延展；并且，城市发展需要遵循结构对称和留有发展余地的原则。

马塔认为在高速度运输的形式下，传统的从核心向外一圈圈扩展的发展模式已成为传统，城市的公交系统和公用设施可以沿着交通干线布局，从而形成带形城市结构，并可将原有的城镇联系起来,组成城镇网络,不仅使城市居民便于接触自然,也能把文明设施带到乡村。交通干线一般为汽车道路或铁路,也可以辅以河道。城市继续发展,可以沿着交通干线纵向不断延伸出去;带形城市由于横向宽度有一定限度,因此城市居民同乡村自然界非常接近。城市纵向延绵地发展,也有利于市政设施的建设。同时,带形城市也较易于防止由于城市规模扩大而过分集中从而导致的城市环境恶化。

2. 工业城市

工业城市设想是法国建筑师戈涅在1901年提出的,他认为工业已经成为主宰城市的力量而无法抗拒,现实的规划行动就是使城市结构适应这种机器大生产社会的需要。该工业城市是一个假想城市的规划方案,位于山岭起伏地带的河岸斜坡上,人口规模为35000人。城市的选址是考虑"靠近原料产地或附近有提供能源的某种自然力量,或便于交通运输"。他所规划的工业城市中央为市中心,有集会厅、博物馆、展览馆、图书馆、剧院等;城市生活居住区是长条形的;疗养及医疗中心位于北边上坡向阳面;工业区位于居住区东南;各区间均有绿带隔离;火车站设于工业区附近;铁路干线通过一段地下铁道深入城市内部;住宅街坊宽30m,长150m,各配备相应的绿化,组成各种设有小学和服务设施的邻里单位。他运用当时最为先进的钢筋混凝土结构设计市政和交通工程,形式新颖简洁。

(五)邻里单位和雷德朋体系

1. 邻里单位

邻里思想是20世纪初首先在美国产生的,美国学者佩里于1929年首先提出了"邻里单位"(Neighbourhood Unit)理论,并在此基础上确定了邻里单位的示意图式(图2-11)。这一图式首先考虑的是小学生上学不穿越车行马路的问题。设计时以小学为半径,以1/2mile(1mile = 1.6093km)为半径来考虑邻里单位的规模,在小学校附近还设置日常生活所必须的商业服务设施,邻里单位内部为居民创造一个安全、静谧、优美的步行环境,把机动交通给人造成的危害减少到最低限度,这是解决交通问题的最基本要求之一。邻里单位是组成居住区的基本单元,是为了适应现代城市因机动车交通发展而带来的规划结构的变化,改变过去住宅区结构从属于方格网状道路划分而提出的一种新的居住区规划理论。

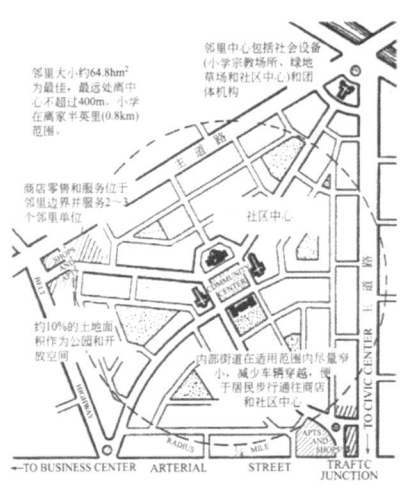

图 2-11　邻里单位平面示意图

佩里的目的是要在汽车交通开始发达的条件下,创造一个适合于居民生活的、舒适安全的和设施完善的居住社区环境。他认为,邻里单位就是"一个组织家庭生活的社区的计划",因此这个计划不仅要包括住房,包括它们的环境,而且还要有相应的公共设施,这些设施至少要包括一所小学、零售商店和娱乐设施等。除此之外,在当时快速汽车交通的时代,环境中的最重要问题是街道的安全,因此,最好的解决办法就是建设内部道路系统来减少行人和汽车的交织和冲突,并且将汽车交通完全地安排在居住区之外。在同一邻里单位内部安排不同阶层的居民居住,以促进交流、增进理解。

2. 雷德朋体系

雷德朋体系和邻里单位几乎产生于同一时期。这是在1928

年美国新泽西州的新城雷德朋规划中,著名的城市规划师和建筑师克拉伦斯·斯坦与亨利·赖特充分考虑了私人汽车对现代城市生活的影响,开创了一种全新的居住区和街道布局模式:首次将居住区道路按功能划分为若干等级,提出了树状的道路系统以及尽端路结构,在保障机动车畅通的同时减少了过境交通对居住区的干扰,采用了人车分离的道路系统以创造出积极的邻里交往空间,这在当时被认为是解决人车冲突的理想方式。斯坦后来将这一整套的居住区规划思想称之为"雷德朋体系(Radburn Idea)"。

雷德朋规划是针对当时不断上升的汽车拥有量和行人与汽车交通事故数量,提出了"大街坊"的概念。就是以城市中的主要交通干道为边界来划定生活居住区的范围,形成一个安全的、有序的、宽敞的和拥有较多花园用地的居住环境。由若干栋住宅围成一个花园。住宅面对着这个花园和步行道,背对着尽端式的汽车路,这些汽车道连接着居住区外的交通性干道。在每一个大街坊中都有一个小学校和游戏场地。每个大街坊中,有完整的步行系统,与汽车交通完全分离,这种人行交通与汽车交通完全分离的做法,通常被称作"雷德朋人车分流系统"。

(六)区域规划理论

随着城市的不断向前发展,其城市问题也变得越来越复杂,这使得人们逐渐意识到,要解决城市问题,必须从区域、国土等更宏观的范围来研究有关社会、经济、资源、交通等各方面的问题。从地区着眼,对社会、经济的发展和生产力分布进行整体思考和规划调节。

苏格兰生物学家、社会学家、教育家和城市规划思想家盖迪斯是现代城市研究和区域规划的理论先驱之一。19世纪末,盖迪斯在与法国地理学家的接触中,受到了以自治区域的自由联邦制为基础的无政府共产主义的影响,并将生物学、社会学、教育学和城市规划融为一体,创造了"城市学"(Urbanology)的概念。

第二章　城市景观设计的历史与未来发展趋势

1915年,在其出版的《演变中的城市》中,强调城市发展要同周围地区联系起来进行规划,首次针对区域发展规划明确了大致的地域范围和目的要求。

盖迪斯是西方近代建立系统区域规划思想的第一人,指出将城市从"旧技术时代"引向"新技术时代"是城市规划的重要目标之一。他强调城市规划不仅要注意研究物质环境,更要重视研究城市社会学以及更为广义的城市学。要用有机联系、时空统一的观点来理解城市,在重视物质环境的同时,更要重视文化传统与社会问题,要把城市的规划和发展落实到社会进步的目标上来。同时,他还强调把自然地区作为规划的基本构架,指出城市从来就不是孤立的、封闭的,而是和外部环境相互依存的。认为城市与区域都是决定地点、工作与人之间,以及教育、美育与政治活动之间各种复杂的相互作用的基本结构。此外,盖迪斯还提出了"城镇集聚区"(Conurbation)的概念,具体论述了英国的8个城镇集聚区,并认为这将成为世界普遍现象。

(七)《雅典宪章》

《雅典宪章》是柯布西耶在1943年,基于CIAM第4次会议讨论的成果进行完善的作品,主要由个人完成。柯布西耶的现代城市设想,理性功能主义的规划思想集中体现在《城市规划大纲》中。

《城市规划大纲》首先指出,城市规划的目的是解决居住、工作、游憩与交通四大功能活动的正常进行。

城市居住的主要问题是:人口密度过大,缺乏空地与绿地,过于靠近工业区,生活环境不卫生;房屋沿街建造影响居住安静,日照不良,噪声干扰;公共设施太少而且分布不合理。

城市工作的主要问题是:工作地点在城市中无计划地布置,从居住地点到工作的场所距离很远,造成拥挤,有害身心,时间经济都受损失;工业在城郊建设,引起城市的无限制扩展,增加了工作与居住的距离,形成了过分拥挤而集中的人流交通。

城市休憩的主要问题是：大城市缺乏空地，城市中所需要的绿地逐渐都被占用，并且，城市中绿化面积小，位置又不适中，无益于城市居住条件的改善；市中心区人口密度很高，很难拆出一小块空地，并将它开辟为绿地供居民休憩。

　　城市交通的主要问题是：城市道路大多是旧时代遗留下来的，宽度不够，交叉口又多，未能按功能进行分类；过去那种追求"姿态伟大""排场"以及"城市面貌"的做法，只能使交通更加恶化，局部的放宽，改造道路，并不能从根本上解决问题，应当从道路系统整体着手，对街道进行功能分类。

第三节　城市景观设计的未来趋势

　　从20世纪90年代开始，我国城市发展进入了快速发展阶段，仅用20年时间就完成了欧美国家曾用了近200年才达到的城市化水平。一座座崭新的现代化新城似神话般地崛起，人们还没有来得及深思熟虑，全国就已经有近4亿人口从农村走进城市；还没有来得及立规修法，全国已有300多亿平方米的新楼房拔地而起；同样，还没来得及观赏和审视全国城市的景观面貌，已经大多旧貌换新颜了。但惊喜之余，城市景观由于缺乏个性特色和地域特色而陷入"千城一面"的困境。不仅广受公众诟病，而且引发了社会各界有识之士的高度关注与深层思考，以寻求应对当前城市景观发展危机的正确途径。其间相关的理论思考与实践越来越受到人们的重视。

一、正确认识我国当前城市景观发展的危机并寻求解决方案

　　城市社会学者认为，应从社会发展的宏观角度去审视，方能正确解读和认清当前我国城市景观发展危机的本质和产生的根本原因，并寻求合适的解决方案。即认为，要以当代中国城市发

展的核心问题——促进经济社会进步发展,作为分析认识问题的基准,方能有利于探寻破解问题的根本途径。

(一)当前我国城市景观发展的危机所在

城市景观特色的本质是人们的实践活动作用于自然环境,并经由一定历史过程的整合与积累而形成的城市外显特征。因而实践活动、自然环境和累积时间便是城市景观特色形成和发展的三项基本要素。其中,实践活动是决定性要素。然而,实践活动必然是受人的价值观支配的,因此城市景观特色的本质是人们共同的核心价值观在城市空间景观建设上的反映。同时,价值观需要经由制度媒介落实到人们的城市实践活动中去,才能对城市景观特色的形成与发展发挥决定性作用。所以,城市景观特色也是城市思想文化、制度文化和物质文化相应协调发展的产物,是城市经济社会趋于相对成熟的标志。由此可见,当前城市景观发展危机的发生,在本质上正是社会转型期的城市价值观体系混乱的反映。人们难以自觉地凝聚成创造城市景观特色持久的合力,是城市思想文化、制度文化未能与物质文化协调发展的反映。因而破解当前城市景观发展危机的途径,应从调整城市社会文化发展的方式中去探寻。

(二)当前我国城市景观发展危机产生的根源

1. 社会价值观体系重建的影响

自20世纪80年代以来,我国经济社会发生了历史性的转变。由于我们尚未掌握这场转变的发展规律,采取"摸着石子过河"的发展方式。所以无法在打破旧价值观体系的同时,建立起能适应当前发展需求的新体系,更无法要求城市思想文化、制度文化与物质文化实现均衡协调发展。处于此种社会背景下,人们的实践创造活动,自然难于迅速凝聚成自觉而持久的创造性合力和制度文化,更难于形成能促进城市景观特色延续传承和创新发展的精神动力。

2. 城市发展模式急需中国化的影响

中国城市发展规划历来由精英阶层(包括权力、财富和知识阶层)全然决策制定。然而中国精英阶层所受的西方教育和由他们主导制定的城市发展模式,皆会因与中国城市发展的实情相偏离,而难以形成切合实际的建设举措,并据以促进城市景观特色的形成与发展。因此,如何引进吸收西方城市发展理论与模式,并将之实现中国化,仍然是当今中国城市建设决策中长期困扰人们的研究课题。

3. 追赶型发展方式的制约

城市景观特色的形成与发展通常需要一个相当漫长的历史过程。但是,当今我国城市限于国情的迫切需要,采取了追赶型的发展方式。需要将西方发达城市几百年走完的常规发展道路,压缩在短短的几十年内走完。在这种时空压缩式的发展模式下,要求人们的思想快速转变、生活方式不断地更新、产业经济模式不断地调整转型,以及城市空间景观的不断重塑,很难为城市景观特色的形成与发展提供一个相对稳定和连续演进的历史进程。

4. 全球化、工业化和城市化的共同作用

全球化、工业化和城市化是当今我国城市发展的三大动力。其中,全球化造成了西方强势文化的全球扩张和地域文化的萎缩,随之而来的是城市面貌的趋同化倾向。然而,工业化的进程也产生同样的作用,因为工业化生产的本质是社会化、规模化和机械化的大规模商品生产。其技术标准、生产方式和管理模式的规范化,同样作用于城市建设的全过程,同样也推动了城市景观面貌的趋同化倾向。同时,工业化与城市化的急速并进,也极大地抑制了人们维护、延续和创造城市景观特色的动力。因为伴随工业化进展的是导致社会教育、公共管理和消费模式的标准化和模式化,这也从观念上抑制了人们个性化思维和行为方式的发展。然而,随着城市化产生的新市民首要关注的是城市的生活环境,其中主要关注的是就业机会、公共服务和发展前景,而非关注城市的个性特色。如此,我国城市发展在三大动力共同推动下,难免不陷入城市面貌趋同的特色危机。

(三)如何正确解读当前我国城市景观发展危机

1. 正确解读其历史内涵与作用

(1)城市景观发展危机是追赶式发展附带产生的副作用,也是充分利用当前发展机遇而需要付出的必要代价。因为西方发达城市在近代工业化早期发展过程中,也曾付出过相应的代价。城市的效率、安全和繁荣必定是发展过程中的主要矛盾,城市的景观风貌问题自然应退居为次要矛盾。

(2)城市景观发展危机是对发展转型实践必须适应的过程。当前城市的转型发展需要,是一种开放性的学习、变革与探索实践活动。城市空间作为承载社会实践的容器,此时最需要的是其与实践活动相符合的开放性和灵活性,而不是颇具排他性和自主性的城市景观特色。

(3)城市景观发展危机是城市景观新旧更替中,实现特色化创新所需的必要"清场"过程。因为城市景观特色的形成是适应社会发展水平的产物。传统的城市景观特色必然会随着其赖以存在的社会生活方式的改变,而被适应当前社会生活方式的新特色所取代。当今我国城市景观发展危机正是处于这一新旧更替过程中的产物。尽管它显现了诸多缺憾和弊端,但它是合乎历史发展逻辑的蜕变过程的产物,是城市为未来创造新特色所进行的必要"清场",是新特色塑造中创意萌发前的混沌景象。

(4)破解当前城市景观发展危机应是一个长期累积的复杂历史过程。因为城市景观特色的本质,是社会价值观的实践表现,所以城市景观发展危机也是社会价值观重建过程中的问题。然而,作为社会上层建筑的价值观,只有当社会经济基础的转型发展至基本成熟阶段时,才可能取得重建。这就决定了化解城市景观发展危机过程的长期性和复杂性,我们必须要有持久不懈、长期累积的充分心理准备。

2. 化解当前城市景观发展危机的根本途径

化解当前"城市景观发展危机"的最积极和最根本的出路是促进城市经济社会的进一步发展。诚然,城市景观特色可以突出和强化城市的个性魅力,帮助城市在战略竞争中获取更大的利益。但是,城市间竞争的根本要素在于城市的综合实力,包括城市发展的效益、规模、品质和潜力的较量。城市景观特色不仅是在城市综合实力基础上形成的,而且还是通过综合实力的相关要素发挥作用的。因此可以认为,城市的持续繁荣是城市特色得以形成、发展并发挥有效战略作用的基础。尽管"特色危机"是当前城市发展中突出的问题,但是促进城市经济社会的进一步发展,依然应是化解当前危机最为积极的根本出路。

我国大多数城市尚处于城市化初期发展阶段,面对的主要发展问题是,如何通过相应变革实现快速发展的大问题,如经济增长、制度变革、产业调整、环境生态保护等重要问题。因此在谋求快速发展的目标下,应积极借鉴而不是照搬西方城市建设的经典理论,并在应对上述发展大问题中结合我国城市的实情和文化传统,深入研究和推进西方城市建设理论的中国化。这才是实现中国城市创新发展,从而化解当前城市景观发展危机的根本途径。

二、凸显城市个性塑造,化解城市景观发展危机

在全球化浪潮的冲击下,我国城市的面貌和生活方式从未像今天这样如此雷同和千篇一律,正如我国著名作家冯骥才先生所作的评价道:"城市的历史脉络没有了,地域审美特征没有了,深厚的历史记忆消散了,标志性的街区拆平了……现在我们已深刻地感受到:在无形的层面上,比如不同城市人们的集体性格仍很鲜明,彼此迥异。但是在有形的层面上,如城市的形象上,我们已

第二章 城市景观设计的历史与未来发展趋势

经渐渐找不到自己了。我们有自己的个性,却没有自己的容貌,感觉十分难受、无奈和困惑"。① 此评论所言可直观城市形象,正是业内人士所谓之城市景观的视觉形象。

一个城市的景观形象是其内在个性特征的外化,是一个城市精神气质的直观展现,也是城市地域审美文化的视觉表达。作为引导城市产业经济和社会文化发展方向的城市决策者,应当高度重视城市个性特征的塑造。必须集思广益,并通过对城市历史文化个性的保护、传承和创新,对城市主导产业经济个性的科学定位与强化,和对城市空间景观资源个性的研究发展与利用,来丰富和凸显城市个性的塑造,逐步化解当前我国城市的特色危机。

(一)城市历史文化特色的传承与创新

城市历史文化的独特性是构成一个城市个性特征的最具精神内涵和时空深度的因素。人们对于不同城市个性特征的辨识,往往都是通过其独特的城市历史文化景观留传下来和不断增强的。城市历史文化景观可以看作是以城市建筑和空间语言来表达的特殊文献资料,它有着自己特殊的语言结构和表述方式。人们可以从中解读城市历史发展的印迹和地域文化的变迁。离开历史文化景观,我们将无从感知和辨识城市的个性特征。为此,城市决策者应当重视对历史文化遗存和传统城市景观的保护。

城市历史文化特色的传承与创新是相互依存和相互促进的。没有传承,就没有创新的底蕴。没有创新,则会丧失城市发展的动力,以致失去延续传承的生命力。我国是个历史悠久的文明古国,许多城市都有着丰厚的历史文化遗产,并积累了许多可以表达城市自身个性特色的文化符号和精神理念。因而凸显城市特色的首要任务,就是要研究发掘和保护城市的历史文化根脉,并进行相应的梳理、精选和重塑。以便在传承历史文脉的基础上,

---

① 胡仁禄.当代城市景观特色化整合规划与设计[M].北京:中国建筑工业出版社,2016.

提炼和创造出适应当代城市功能新要求的个性特征。为促进城市历史文化个性的延续传承与创新，城市决策者应采取相应的建设举措，尽力推进下述主要目标的实现。

首先，应力求城市历史文化的传承与城市经济发展建设相融合。为此，在发掘城市历史文化的个性特征中，不仅要研究城市外在的景观风貌、建筑艺术和文物古迹的视觉特征，而且更应研究城市历史文化的内在精神特质和价值体系，用以掌握城市历史文化个性的本质特征。

其次，应力求城市地域文化的表达与当代中外文化的发展相融合。因为一座历史城市的形成，是历时千百年的文化积淀。城市景观的个性特征，必然饱含了当地的自然环境和人文历史因素，与其地域发展环境构成了相互依存的关系，并体现着当地社会的共同审美取向。但是，城市现代化建设的推进必然带来中外新文化的冲击，力求传统地域文化与中外当代文化的融合发展，应成为城市建设的重要对策。

最后，应力求城市历史文脉的保护与当代城市发展的空间布局相协调。因为随着社会的进步，城市必须不断地发展与建设。因而始终存在着传统历史格局与当代发展需求的矛盾。于是也必然要求城市决策者在塑造城市个性特征中，妥善解决城市空间布局的现实要求与保护城市文脉的矛盾，力求使历史景观的保护与当代景观的规划建设有机结合，形成统一的整体，以利于促进城市个性特征的延续与创新发展。

（二）城市主导产业的定位与强化

强大的城市产业经济是支撑城市发展和推动城市运营的物质基础。因此，大力培植产业精品和提升经济实力，实现经济发展与城市建设的良性互动就显得格外重要。由于城市产业发展定位的理论缺失，近年我国城市在发展目标的定位上，曾一度偏向把"国际化大都市"作为首选的目标。然而，事实表明，由于普遍缺乏科学依据，并背离自身的客观发展条件，其结果是许多城市陷入了产业同构、布局重叠的困境。致使城市固有的资源潜力不能充分发挥,失去了产业经济上的特色优势。

城市在产业经济上的个性特征,也是构成城市景观特色的重要物质基础。所谓产业经济的个性特征,是指在国家或地区整个产业经济体系中,充分利用城市自身优势形成的具有地域特点和较强竞争力的主导产业,并以此为基础所构成的最具竞争优势的城市产业体系的特点。它是城市赖以生存发展,并彰显自身个性特征的经济基础。因此,城市决策者应当依照原生性、独特性和差异性的原则,认真分析城市固有资源条件的特点,进行产业经济发展的科学定位,并借以强化城市产业经济个性特征,促使城市在地区经济中发挥应有的聚集效应和辐射作用。

当前我国城市产业结构由于缺少比较优势,从而导致我国城市面貌出现了"千城一面"的现状。只有当每个城市都能依据自身资源禀赋特点和人才结构特点,科学选定适合的主导产业时,每个城市的个性特色才能得以完整展现。同时,也才得以真正摆脱当前城市建设中"土地财政"的依赖和盲目兴建"形象工程"的困扰。

(三)城市景观资源的发掘与利用

城市的个性特点最直观的表现,是在其空间景观的视觉形象上。可以认为,空间景观环境的独特个性是城市个性最直接、最集中的表现,也是城市独特的历史、文化、经济和精神生活以建筑语言形式的直观表达。由于城市现存景观环境的独特个性,皆来源于自然禀赋的和人文积淀的两类景观资源,因此,对于自然禀赋资源的研究发掘和人文积淀资源的整合利用,无疑是城市管理决策者当今应对"特色危机"可以推行的最基本和最具体的建设举措。

首先,自然禀赋的城市景观环境资源,是影响城市景观特色形成的重要地域性要素。由于地理区位的差异,不同的城市处于不同的自然环境条件,因而可以形成不同的城市自然景观特色。

自然禀赋的景观资源,最显著的特点是具有无可替代的、独一无二的属性。它可以长远而深刻地影响城市历史文化个性的演进和产业经济个性的形成。自然景观资源在城市景观特色构成中所发挥作用的比重大小,往往直接反映着城市发展的文明程度。因此在当代城市景观特色的塑造中,必须妥善协调人与自然的关系,应尽可能将对城市自然景观资源的破坏降到最低程度,并使自然景观资源得到充分的利用。

其次,由长期人文历史积淀生成的城市景观资源,更是影响城市景观特色塑造的重要文脉要素。它是指由城市建筑及其外部环境空间构成的城市人文景观环境。它直观反映着当地的历史传统、文化习俗、宗教信仰、民族个性和经济发展方式等构成要素,反映了城市的文化底蕴,体现着城市的精神内涵。正因为如此,城市人文环境的特点,已成为现代城市景观规划建设理论的核心研究课题。如何科学利用城市人文历史积淀的景观环境资源,充分凸显城市人文环境的个性特点,理应作为创造城市景观特色重点研究的实践问题。

三、推进城市有机更新,创造城市整体特色

城市的发展过程是不断地进行新陈代谢,又不断更新建设的过程,这符合万物的发展规律。可以认为,更新是城市的存在形式,也是城市的延续发展之道。为应对城市化发展的挑战,国内外许多城市都曾采取不同的城市更新过程,有成功的,也有失败的。借鉴国内外成功的经验,吸取失败的教训,对于提高我国城市更新的品质、探寻克服"城市病"、化解当前城市化过程中的难题、实现城市的科学发展具有重大意义。

(一)城市有机更新概述

我国是历史悠久的文明古国,众多景色各异的历史名城遍布各地。近30年,在我国急速的城市化进程中,怎样协调历史文化

第二章 城市景观设计的历史与未来发展趋势

遗产保护与现代化建设的关系,始终是这些传统城市发展与管理所面临的最大难题。我国城市决策者也正是在总结近年国内外城市发展实践的基础上提出了符合我国国情的城市规划建设理论——"城市有机更新",并以这一科学共识来应对当前面临的城市建设难题。

"城市有机更新"的基本理念认为:城市是一个"复杂的巨系统",并且是一个有机的"生命体"。从纵向的存在方式看,它犹如生命体具有诞生、成长、发展、兴旺与衰退的演化过程;而从横向的构成形式看,城市问题涉及经济、政治、文化、社会和环境生态等各个方面,城市运行还涉及规划、建设、维护、管理和经营等多个领域。

有关"城市更新"理论的研究,最早始于20世纪的西方发达国家。自20世纪60年代以后,城市问题日趋严峻,促使许多西方学者开始从不同角度,对以大规模建设活动为主要形式的"城市更新"实践效果进行了反思,然后逐渐形成了把城市当作有机生命体看待的新的城市设计理论。最早是由苏格兰生物学家和城市规划思想家盖迪斯提出这一理论概念。盖迪斯认为:"城市实践者只有把城市看成一个社会发展的复杂统一体,考虑其中的各种行为和思想都是有机联系的,才能有更切合实际的想法"。随后,还有美国的沙里宁提出的有机疏散理论。他认为,城市是人类创造的一种巨大的有机体,并应运用生物学的认识来研究城市发展过程中的种种问题。同时还有日本的丹下健三和黑川纪章为代表的新陈代谢学派,也将城市和建筑看作是一个开放的时空系统,认为:"它就像有生命的机体组织一样,可以复苏被丢失或被忽略的历史传统、地域风格等要素,而实现跨时空的不同文化共生"。

我国首先提出"城市是个巨系统"理念的学者是钱学森院士。他把系统科学的理论引入了城市问题的研究。按照系统论的方法、手段来研究解析城市发展过程中的种种问题,并提出了建立一门综合性的学科——城市学的设想,用以区别于现行专业性的相关城市学科,如城市规划学、城市建筑学、城市文化学、城市经济学等。他认为"城市作为'复杂的巨系统'和一个'有机的生命体',它应像任何人都有童年、少年、青年、中年乃至老年一样,也应会有个逐步成长的有机过程。"

（二）城市有机更新理论在我国的实际应用

经过近30年的高速发展,2011年我国城市化率已逾51%,而且仍在以每年1%的速度继续增长。据预计,2030年我国城市化率将达到70%以上,10亿多人口将居住在城市。如此快速的城市化进程,将导致城市面临着种种困境和挑战,即所谓"城市病"的严重爆发。在如何应对"城市病"的研究中,由"千城一面"的困境引发的"城市景观发展危机",已成为亟待破解的城市建设问题。

近年来,经过各地城市建设的大量实践探索,进一步验证了吴良镛院士早年提出的"有机更新"规划设计理论的前瞻性意义,并逐步发展成为各地用于克服"城市病"和破解"城市景观发展危机"的理论共识和重要策略。现如今,已广为采纳的"城市有机更新"理论,既吸取了西方发达国家在"城市更新"初期阶段大量"拆旧建新"的深刻教训,又吸收了自20世纪60年代以来西方国家在"城市更新"理论上发展进步的成果,开创了注重以人为本、注重历史文化保护、注重城市环境可持续发展的方式。与此同时,也在总结了我国城市建设经验的基础上,进一步强调了"城市有机更新"的实质,就是要走科学城市化的发展道路,要将科学发展观引入到"城市更新"的实践中,把城市当作一个巨大的有机生命体来对待。实施"城市有机更新"的发展方式,就是要在尊重历史文化的基础上求发展和求创新,实现城市生命的延续和可持续发展。因此,对于历史文化名城的发展来说,选择走城市有机更新之路是必然的、科学的。

2007年,吴良镛院士针对城市现代化建设中,文化遗产保护

第二章 城市景观设计的历史与未来发展趋势

面临的严峻形势,重新对现行"单纯保护"的理论体系与方法进行了审视,并做了调整,提出了以"积极保护、整体创造"的规划建设模式来应对当前大量存在的"建设性破坏"给历史文化遗产保护带来的空前冲击和挑战。吴良镛院士指出:"积极保护"的观念,即是将历史文化保护与当前的发展建设要求统一起来。不仅要保护文化遗产、历史建筑本身,保护其原有生态环境,在其周边确定相应的缓冲区或保护区。还要对保护区内的新建筑加以控制,使它必须遵从当前城市建设的新秩序,尊重所在区位环境的城市文脉和现存历史建筑的主体性。应以增强原有文化环境特色为依据,使建设所在地区既保持与发展原有城市建筑空间的文化风范,又能给新建设项目赋予时代的风貌,以利于真正实现"有机更新"。这一理论早在20世纪80年代的北京菊儿胡同整治工程和苏州等城市旧街区的保护更新工程中得到了有效的验证。

吴良镛院士认为:"从理论上讲,面对建设与保护的矛盾局面,关键是要寻求能将保护与建设结合起来的理论与方法。'积极保护'就是要审视当前我国城市转型发展的潮流,不仅需要保护传统建筑,而且需要把各方面的问题加以综合考虑,应将传统建筑的个别处理转化为城市整体性的创造。例如,北京历史文化名城的保护,就必须包括城市交通与行政功能的疏解和环境建设等问题的综合考虑。对新旧建筑及环境景观等处理方式应有整体的全盘性考虑,不是'单纯的保护'而是积极地加以创造……"他还认为:"在过去半个多世纪的城市建设中,我们对城市整体统一的要求有所忽视。今天虽然传统的绝对的整体统一性已被破坏了,但是整体保护的原则仍不能丢弃。北京某些地区,如故宫、皇城、中轴线、朝阜大街等尚未被完全破坏的街坊等,仍需力争保持'相对的整体性',千方百计地加以保护应成为确定不移的法则……'整体创造'就是要维护历史文化环境的整体秩序,这不是复旧,在具体设计上仍然可以并且也需要创新。这是通过建设过程中的不断调节和有机更新,以追求城市各组成部分之间在成长中的整体秩序。从哲学上说,它不是机械的还原论、复旧论,而是一种有机生成的整体论。而且,这种整体论是以人的生活需求为中心,是在传统的优秀构图法则基础上的灵活创造和随机生成,绝不是保守僵死的教条而一成不变。今后北京旧城的基本规划设计原则,仍还应从当下的混乱无序中重新回归整体性的传统"。①

"积极保护、整体创造"的规划建设方法的提出,是对"城市有机更新"理论的进一步充实发展。近年国内广泛的实践表明,以"城市有机更新"理论引导当前城市现代化建设,对保护城市历史文化记忆和地域文化个性,促进城市景观特色化建设,化解当前"城市景观发展危机"的困扰,具有十分重要的现实指导意义。近年来,我国众多历史文化名城,如北京、西安、杭州、南京等,在此理论指导下相继制定了"城市有机更新"的长远发展规划,并已取得了相应的显著成效。

例如,江南名城杭州是一个具有五千年良渚文化历史的古城。近些年来,在"有机更新"理念的指导下,它终于彻底摒弃了"拆旧城、建新城"的陈旧发展方式,开创了"保老城、建新城"的全新发展道路。在2007年国务院批准的杭州城市总体规划中,描绘出了杭州网络化、组团式城市发展的蓝图。开启了从过去以西湖为中心的团块状发展的"西湖时代",迈向以钱塘江为中轴线的组团式发展的"钱江时代"(图2-12)。这是新一轮杭州城市更新规划的重大成果。它为推进杭州老城区的保护与新城区的建设,为构建千年古都风貌与现代化大都市风貌的同城共辉的城市新格局,彰显古都景观特色,奠定了长远持久发展的良好基础。

---

① 胡仁禄.当代城市景观特色化整合规划与设计[M].北京:中国建筑工业出版社,2016.

第二章　城市景观设计的历史与未来发展趋势

图 2-12　钱江时代城市风貌

又如西安,曾是我国历史上最早的国际性大都市,近年来随着西部经济的发展,也进行了大规模的城市更新建设。明确以科学发展观为指针,以建设"人文西安、活力西安、和谐西安"为目标,结合西安自身特点全面推进"城市有机更新"的规划建设;确定了以中心城区为主体,规划成东到临潼、西至咸阳、北过渭河至三原、南到韦曲的城市长远发展蓝图;形成了由一个中心城区和外围四个"副都心"构成的城市空间结构。整个城市空间布局采用了更大范围的九宫开放式格局,形成了"九宫格局、一城多元"的富有传统特色的城市空间形态。同时,近年来,西安在城市道路、街区、建筑和环境设施等方面,大力推进"有机更新"的规划建设也取得了实质性的进展,突显了自身传统的特点,显著提高了城市可持续发展的潜力。

总之,有关"城市有机更新"发展理念和"积极保护、整体创造"实践方式,正在我国广大城市的现代化建设中发挥着积极的实践指导作用,有效地促进了历史文化名城的保护与建设,也有效地促进了各地城市地域文化特色的传承与创新发展。

四、规范城市建设决策程序,提高决策水平

城市景观特色的构成要素具有多样性和复杂性,这也决定了其规划设计和决策过程的复杂性。无论是通过发掘历史文化内涵来展现城市的人文魅力特色,还是通过利用自然禀赋环境来形

成城市地域特色,城市景观的特色化规划建设总是一个相当复杂的决策和实施过程。因为它涉及了众多的专业技术机构和利益相关部门的多元性参与。首先是规划设计的决策,参与者至少应有规划、建筑、园林景观、市政工程和环境管治等机构。其次是其决策过程中,通常会有行政主管、技术专家、投资方和相关公众社团等共同参与决策过程。由于城市规划建设的决策过程,从本质上说是相关各方利益相互博弈和决策者彼此权衡的结果,因而,如何由此达成科学合理的决策,便成为有效调控城市资源和塑造城市景观特色,从而化解当前城市景观发展危机的关键问题。正因为如此,近年来"中国城市规划年会"也将有关城市景观特色的规划建设问题,列入了会议重点关注的议题。通过专业性年会集思广益,汇集了社会各界城市问题专家、大师的真知灼见。他们共同认为:规范决策程序,提高决策水平是关键。为此,城市决策者必须正确处理四个主要关系问题。

(一)当前城市发展与历史文化保护的关系

城市发展既是一个历史过程,又是一种文化现象。一个城市自从它产生的那时起就是在不断演进和发展的。保护、更新和再开发不断变换和交替进行,表现了城市持续发展的基本生命活动方式。在城市的演进发展过程中,保护和发展始终是一对不可避免的矛盾。因此,城市决策者应该采取积极的手段和科学合理的方式,确保城市历史文化保护与现实发展需要达成和谐统一的动态平衡状态。为使城市整体保持协调共生、有机生长,片面强调功能开发而忽视城市历史文化遗产的保护,或过度强调保护历史遗产而不顾城市当前功能的合理性都是不可取的。只有坚持历史文化保护与当代发展需要的并重推进,才是城市景观特色化建设永久的动力和不尽源泉。因此,处理好当代城市发展需要与历史文化保护的协调关系,确立科学正确的发展目标,是城市景观特色化建设必须的理念保障。

第二章　城市景观设计的历史与未来发展趋势

（二）本土文化传承与外来文化交流的关系

城市景观特色是地域文化个性的外在表现，文化差异是城市景观特色形成的根本。可以说，文化差异与地域差异造就了不同的种族和不同地域文化的独特个性。于是，不同的文化又造就了不同的社会价值观和审美观。在差异化的社会审美观的支配下，又必将形成差异化的城市景观面貌，进而展现出独有的城市景观特色。

然而，随着全球化时代的来临，本土文化与外来文化在城市文化演进中的冲突日益明显。如何处理好两者之间的关系，对于城市景观特色化建设有着重要的现实意义。因此，在城市文化发展上既要保持本土文化特点，又要在不断与外来文化的碰撞中积极吸纳其有用的精华，以求在平等的基础上实现取长补短。尤其是在当今经济全球化的背景下，面对西方强势文化的不断渗入，发展具有历史传统和富有前瞻性的城市文化理念，积极发掘利用城市自身的历史文化价值和特色景观资源就显得格外重要和迫切。

（三）城市管理决策者、规划设计者与城市公众之间的关系

在城市景观特色化建设的推进中，从行为角色定位上可分为城市管理决策者、规划设计者和广大城市公众三大建设主体。投资建设方虽是建设实施过程中不可或缺的一方，但是只要城市行政决策者依照市场经济规则，确保建设投资方的利益，其参与决策的权重基本上可被忽略。因而，在城市景观特色化建设决策过程中，需要正确处理的协同关系，主要就是城市管理决策者、规划设计者和广大城市公众参与者三方之间的协同关系。三方关系的正确处理，有赖于各方的同心协力和各尽其责的合作。

首先是城市行政决策者，即各级政府主管部门应是公共利益的真正代表，但并不意味其因此可以代替城市公众"包办"一切公共建设活动，而是应该认真接纳公众参与决策程序。由于城市

建设的决策皆应以最大限度地满足城市公众的实际需求为依据,政府主管部门必须正确定位自身的作用,充分发挥引导、监督及服务的职能,并能为城市公众的广泛参与提供应有的权利与空间。

其次是城市公众参与者,作为城市空间功能的使用者,应以一种主人翁的归属感和责任感,对自己所在城市的每项建设举措报以最大的参与热情,积极发表正当的要求与见解。

最后是作为城市建设的技术制定方——规划设计者也应摆正自身的角色定位,应在制定技术方案过程中,坚持职业操守,应在城市建设理论和工程技术运用方面成为推动城市景观特色化建设的科学先导,并充分发挥城市决策者与公众参与者之间的桥梁作用,为决策的正确制定提供优质多样的可行选择。

总之,只有当制定决策的三方关系获得正确处理时,城市景观特色化建设的进程才能得以顺利实施。因此,精心构建参与建设决策三方的有效沟通平台,形成各尽其责、同心协力的决策运行机制,应是实施城市景观特色化建设的重要机制保障。

(四)城市景观特色化建设与城市规划法规管理的关系

当前我国城市建设已进入了需要更加注重城市景观特色建设、注重城市综合效益的集约化发展的新阶段。新的功能需求和发展目标,对现行城市规划的管理方式提出了新的挑战。如何把现行的控制性详细规划(简称"控规"),从重指标轻空间的"二维"平面控制模式,转变为具有"三维"立体意义的空间控制模式,使之成为支撑城市景观特色化建设的法规保障,已成为当下城市规划管理部门迫在眉睫的重要研究课题。

尽管城市设计有助于塑造城市景观形象,具有保障城市景观特色化建设预期成效的重要作用,但是至今仍未被正式纳入法定体系。实践证明,控规的核心作用只是控制城市土地的科学合理使用,其管理作用具有客观性、确定性和强制性的特点。然而,在控规阶段加入城市设计后,则将更有利于协调用地范围内的建筑

第二章 城市景观设计的历史与未来发展趋势

空间和环境设施等要素空间配置的视觉关系，对于塑造完整的城市景观风貌具有较强的直觉性指导作用。它可使控规在指导局部地段控制的同时，实现城市整体空间协调控制的目标。可以说，控规阶段城市设计的加入是对控规管理功能的深化和补充，也是对控规要求的反馈条件，有利于深化和修正控规拟定的目标与成果。因此，控规阶段的城市设计不仅是对城市景观环境的整体设计与控制，而且也是对城市建设开发过程的整体运作与管理，具有实施城市规划过程中具体管理的法定职能，是控规管理职能的延伸和有益补充。与此同时，将城市设计与控规结合执行，对于完善控规的目标、加强城市设计的法定性、更好地适应当今城市转型发展期的多元利益诉求具有重要意义。

当前国内已有不少城市正在积极探索控规阶段结合城市设计的管理模式。例如，上海实施的附加城市设计图的模式、天津实施的"一控规两导则"模式、武汉采取的"控规导则＋城市设计导则＋用地空间论证"模式、成都试行的"产权地块城市设计"模式等。可以说，控规阶段的城市设计必将成为今后规划管理和建设实施的重要组成部分。因此，将城市设计纳入控规编制内容，使控规成为城市设计的法定载体，实现对城市空间形态和景观面貌的严格控制，是正确处理城市景观特色化建设与城市总体规划和控制性详细规划关系，以法定程序保障总体规划成功推进，从而确保城市景观特色化建设有效实施的重要法规保障。

第三章 城市景观设计的构成要素

城市景观的基本构成要素分为自然景观要素、人工景观要素和人文景观要素三大类。在城市景观复杂的组成体系中,必须合理安排与协调人的活动和各种景观要素的相互关系,使其和谐统一、良性循环,才能形成一个综合的、可持续的、有独特气质的城市景观。

第一节 自然景观要素

自然景观要素是城市景观设计的物质基础,地形地貌、动植物、水体、气候条件等都属于自然景观要素。虽然在城市环境中,自然景观要素会不可避免地被不同程度的人工改造,但不可否认的是,自然景观要素是构筑城市生态环境的必不可少的物质保障。

一、地形

（一）地形的释义

从地理学的角度来看,地形是指地球表面高低不同的三维起伏形态,即地表的外观,地貌是其具体的自然空间形态,如盆地、高原、河谷等。地貌特征是所有户外活动的根本,地形对环境景观有着种种实用价值,并且通过合理的利用地形地貌可以起到趋利避害的作用,适当的地形改造能形成更多的实用价值、观赏价值、生态价值。

第三章　城市景观设计的构成要素

地物是指地表上人工建造或自然形成的固定性物体。特定的地貌和地物的综合作用，就会形成复杂多样的地形。可以看出，地形就是作为一种表现外部环境的地表因素。因此，不同地形，对环境的影响也有差异，对于其设计导则便不尽相同。

（二）地形的功能特征

地形要素是城市景观设计中一个重要环节，是户外环境营造的必要手段之一。地形是指地表在三维向度上的形态特征，除最基本的承载功能外，还起到塑造空间、组织视线、调节局部气候和丰富游人体验等作用。同时，地形还是组织地表排水的重要手段。部分设计者在设计中常常缺失地形设计，致使方案无论在功能上，还是在风格特征上都无法令人满意。

地形可以塑造场地的形式特征，并对绿地的风格特征影响很大。地形有自然地形和规则地形（图3-1），以规则形态或有机形态雕塑般地构筑地表形态，构成地表肌理，能给人以强烈的视觉冲击，形成极具个性的场所特征和空间氛围，是景观设计的常用手段。

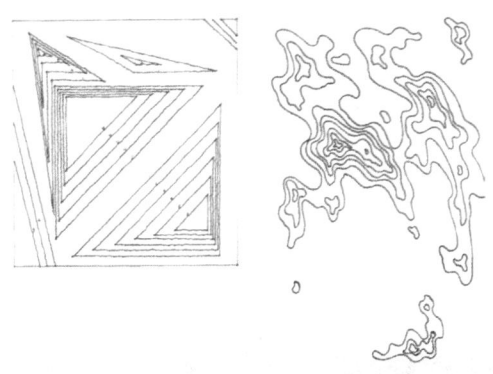

图 3-1　规则地形和自然地形

地形的表现方式一般采用等高线。其他常用到的辅助表现方式有控制点标高、坡向、坡度标注等。

（三）地形的分类

地形的分类方式比较多，这里主要介绍两种分类方式。

1. 按表现形式分类

按表现形式,城市景观中的地形可分为人工式的地形和自然式的地形。

(1) 人工式的地形

人工式地形多运用硬质材料采用规则化的线条(图 3-2),营造一种层层叠叠的形态,给人一种简单规则化的美感,比如下沉广场、台阶、挡墙、坡道等。

图 3-2　人工式地形

(2) 自然式的地形

这类地形通常是指用草坪、土石等自然材料塑造的地形,运用柔和的线条来模拟自然界中的天然地形,可以给人带来一种亲近自然的感觉,这类地形在公园绿地中运用的比较广泛(图 3-3)。

图 3-3　自然式地形

2. 按竖向形态特征分类

（1）平地地形

平地是一种较为宽阔的地形，最为常见，被应用的也最多。平地地形是指与人的水平视线相平行的基面，这种基面的平行并不存在完全的水平，而是有着难以察觉的微弱的坡度，在人眼视觉上处于相对平行的状态。

平地从规模角度而言，有多种类型，大到一马平川的大草原，小到基址中可供三五人站立的平面。平地相比较其他类别地形的最大特征是具有开阔性、稳定性和简明性。平地的开阔性显而易见，对视线毫无遮挡，具有发散性，形成空旷暴露的感受。如图3-4所示，平地自身难以形成空间。

图3-4 平坦地形

平地是视觉效果最简单明了的一种地形，没有较大起伏转折，但容易给人单调枯燥的感受。因此，在平地上做设计，除非为了强调场地的空旷性，否则应引入植被、墙体等垂直要素，遮挡视线，创造合适的私密性小空间，以丰富空间的构造，增添趣味性。如图3-5所示，通过地形的改造以及植物的运用形成私密空间。

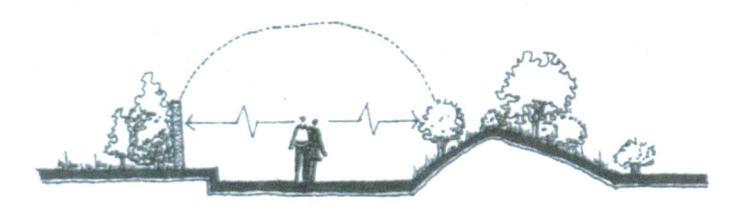

图3-5 地形的改造

平地能够协调水平方向的景物，形成统一感，使其成为景观环境中的一部分。例如水平形状建筑及景物与平地相协调。反之，平地上的垂直性建筑或景观，有着突出于其他景物的高度，容易成为视觉的焦点，或往往充当标示物。

平地除了具有开阔性、稳定性和简明性以及协调性外，还有作为衬托物体的背景性,平地是无过多风格特征的,其场地的风格特点来源于平地之上的景观构筑物和植被的特征。这样,平地作为一种相对于场地其他构筑物的背景而存在,平静而耐人寻味,任何处于平地上的垂直景观都会以主体地位展露,并且代表着场所的精神性质。

（2）凸起地形

相对于平地而言,自然式的凸起地形通常富有动感和变化,如山丘等;人工式的凸起地形能够形成抬升空间,往往在一定区域内形成视觉中心。凸起地形可以简单定义为高出水平地面的土地。相比较平地,凸起地形有众多优势,此类地形具有强烈的支配感和动向感,在环境中有着象征权利与力量的地位,带来更多的尊重与崇拜感。可以发现,一些重要的建筑物以及上文中提到的纪念性建筑多耸立于山的顶峰,加强了其崇高感和权威性。

凸起地形是一种外向形式,当建筑处于凸起地形的最高点时,视线是最好的,可以于此眺望任意方向的景色,并且不会受到地平线的限制。如图3-6所示,位于凸起地形高点时视线不受干扰。因此,凸起地形是作为眺望观景型建筑的最佳基址,引发游人"会当凌绝顶,一览众山小"的强烈愿望。

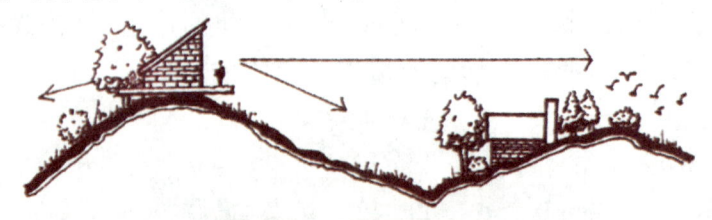

图3-6 凸起地形（一）

想要加强凸起地形的高耸感方法有二：首先在山顶建造纵向延伸的建筑更有益于视线向高处的延伸;其次,纵向的线条和路线会强化凸起地形的形象特征。相反,横向的线条会把视线拉向水平方向,从而削弱凸起地形的高耸感。如图3-7所示,纵向线条加强凸起地形性质,横向线条消弱高耸感。因此,针对特定的要求,应适当调整对凸起地形的塑造手法。

图 3-7　凸起地形（二）

凸起地形中包含了山脊的形式,所谓山脊是条状的凸起地形,是凸起地形的变式和深化。山脊有着独特的动向感和指导性,对视线的指导更加明确,可将视觉引入景观中特定的点。山脊与凸起地形同样具有视觉的外向性和良好的排水性,是建筑、道路、停车场较佳的选址。

凸起地形还能够调节微气候。不同朝向的坡地适宜种植的植物也有所不同,在设计时应合理选择。在凸起地形的各个方向的斜坡上会产生有差异的小气候,东南坡冬季受阳光照射较多且夏季凉风强烈,而西北坡冬季几乎照射不到阳光,同时受冬季西北冷风的侵袭。如图 3-8 所示,西北坡受冬季寒风吹袭。因此,在我国大多数地区,东南朝向的斜坡是最佳的场所。

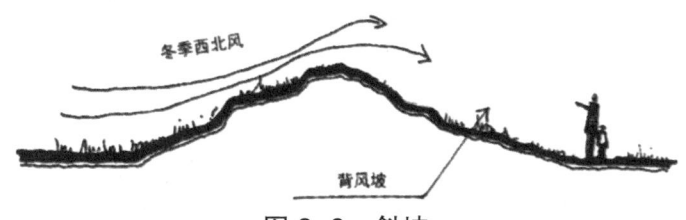

图 3-8　斜坡

总之,凸起地形有着创造多种景观体验、引人注目和多姿多彩的作用,这些作用不可忽视,通过合理的设计可以取得良好的功能作用和视觉体验。

（3）凹陷地形

凹陷地形可以看作由多个凸起空间相连接形成的低洼地形,或是平坦地形中的下沉空间,其特点是具有一定尺度的竖向围合界面,在一定范围内能产生围合封闭效应,减少外界的干扰。一个凹陷地形可以连接两块平地,也可与两个凸起地形相连。在地形图上,凹陷地形表示为中心数值低于外围数值的等高线。凹陷地形所形成的空间可以容纳许多人的各种活动,作为景观中的基础空间。空间的开敞程度以及心理感受取决于凹陷地形的基底低于最高点的数值,以及凹陷地形周边的坡度系数和底面空间的面积范围。

　　凹陷地形有着内向性和向心性的特质,有别于凸起地形的外向性和发散性,凹陷地形能将人的视线及注意力集中在它底部的中心,是集会、观看表演的最佳地形。如图3-9所示,凹陷地形中视线聚集在下方内部空间。将凹陷地形作为独特的表演场地是可取的,而凹陷地形的坡面恰巧可作为观众眺望舞台中心的看台(图3-10)。许多的户外剧场、动物园观看动物的场地以及古代罗马斗兽场和现代运动场都是由一个凹陷地形的坡面围成的较为封闭的空间。

图3-9　凹陷地形

图3-10　凹陷地形广场

　　凹陷地形对小气候带来的影响也是不容忽视的,它周边相对较高的斜坡阻挡了风沙的侵袭,而阳光却能直射到场地内,创造温暖的环境。虽然凹陷地形有着种种怡人的特征,但也避免不了落入潮湿的弊病中,而且地势越低的地方,湿度就越大,首先这是因为降水排水的问题所造成的水分积累,其次是由于水分蒸发较慢。因而,洼地本身就是一个良好的蓄水池,也可以成为湖泊或是水池。

另一种特殊的凹陷地形——山谷,其形式特征与洼地基本相同,唯一不同的是山谷呈带状分布且具有方向性和动态性,可以作为道路,也可作为水流运动的渠道。但山谷之处属于水文生态较为敏感的地区,多有小溪河流通过,也极易造成洪涝现象。山谷地区设计时应注意尽量保留为农业用地,生态脆弱的地区谨慎开发和利用,而在山谷外围的斜坡上是较佳的建设用地。

实际上,这些类别的地形总是相互联系、互相补足、不可分割的,一块区域的大地形可以由多种形态的小地形组成,而一个小地形又有多种微地形构成,因此,设计过程中对地形地貌的研究不能单一的进行,要采用分析与综合的方法进行设计与研究。

（四）地形图的表现方法

地形图的表现方法主要体现在以下几个方面。
（1）原则上,等高线总是没有尽头的闭合线。
（2）绘制等高线时,除悬崖断壁外,不能有交叉。
（3）为区别原有等高线和设计等高线,在等高线绘制时,可将原有等高线表示为虚线,将设计等高线表示为实线（图3-11）。

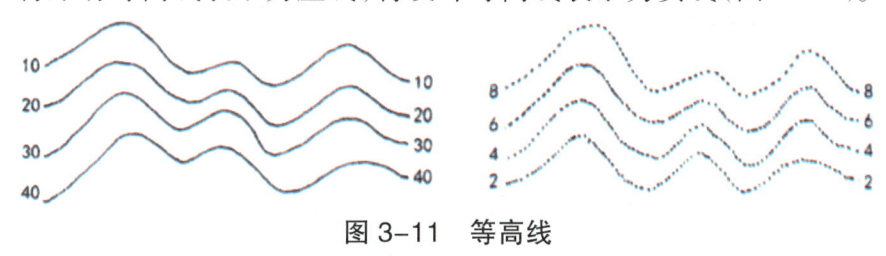

图3-11　等高线

（4）注意"挖方"和"填方"的表示方法。平面图中,从原有等高线走向数值较高的等高线时,则表示"填方";反之,当等高线从原等高线位置向低坡偏移时,表示"挖方"（图3-12）。

图 3-12 "挖方"与"填方"

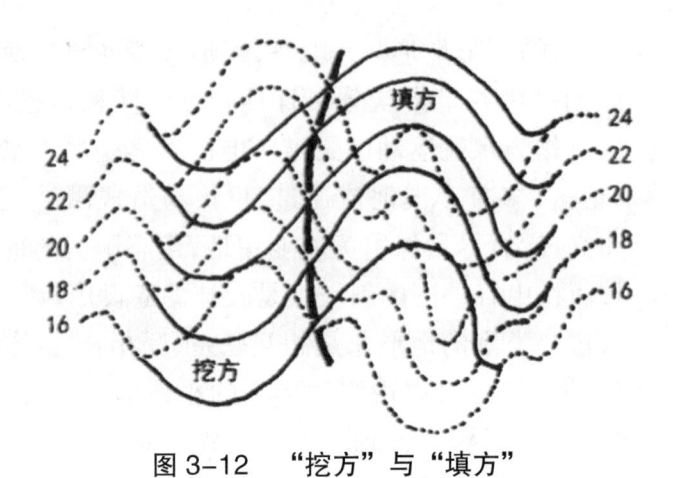

（5）注意"凸"和"凹"状坡的表示方法。平面内,等高线在坡顶位置间距密集而朝向坡底部分稀疏表示凹状坡,反之,等高线在坡底间隔密集而在坡顶稀疏则表示凸状坡（图 3-13）。

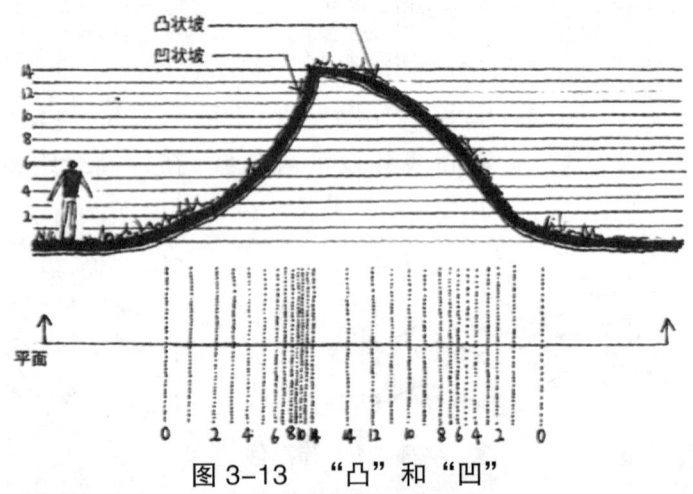

图 3-13 "凸"和"凹"

（6）注意"山谷"和"山脊"的表示方法。等高线方向指向数值较高的等高线表示谷地,指向数值低的方向表示山脊（图 3-14）。

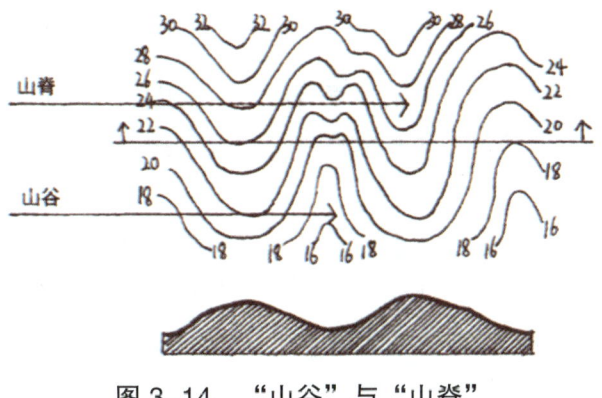

图 3-14 "山谷"与"山脊"

（五）地形在城市景观中的作用

1. 骨架作用

地形是整个景观场地的载体，它为其他的景观元素和设施提供了一个依附的平台，其他元素的层次变化在很大程度上是建立在地形层次的基础之上，地形甚至能影响到整个场地的景观格局。

2. 限定与划分空间的作用

景观空间的围合，通常需要地形、植物、建筑等几种景观元素共同完成，而其中地形是最基础的，也是用得最多的。地形围合起来的空间具有其他景观元素所达不到的效果，而且在复合型的、连续的大空间塑造方面也极有优势。利用地形高低起伏的特点可以分割、组织空间，合理的地形变化可以实现各种各样的空间功能，如垂直空间、半开敞空间、开放空间、私密空间等，使空间之间既彼此分割又相互联系，空间层次更加丰富。

一般来说，凹形下沉的地形能够形成空间的竖向界面，从而形成对空间的限定，而且坡度越高越陡，下沉尺度越大，则空间限制力越强。反之，凸起抬升的地形通常能够起到突出主景的作用，这并不一定依赖于抬升高度、绝对尺度的大小，更多的是通过视觉的变化引起景物观赏者的注意，从而达到心理暗示的作用。

3. 造景的作用

地形自身即能创造出优美动人的景观供人欣赏。在地形处理中可以利用具有不同美学表现的地形地貌，设计成各种类型的人造地形景观。

高低起伏的地形常常是场地中植物、建筑、水体等其他景观要素的背景依托，或相互成为背景关系。作为背景的各种地形要素，能够截留视线，划分空间，突出主景，使整个景观空间更加完整生动。

4. 引导游览的作用

地形可以影响车辆和行人的运动方向和速度。一般来说，平坦的地形上，人的步行速度较快且少有停顿；而在有台阶或坡道的地形上，步行速度会相对放缓。因此，利用不同地形的组合，可以控制或改变游人的行进节奏，从而达到引导游览、观赏的效果。

5. 场地排水的作用

在城市景观中，降到地面的雨水、没有渗透进地面的雨水以及未蒸发的雨水都会成为地表径流。在一般情况下，地形的坡度越大，径流的速度越快，会造成水土流失；过于平坦的地形，径流速度缓慢，又容易造成积水。因此，在设计时，地形的坡度需要在一定合理的范围内才能更有效地控制流速与方向，以排走地表径流。

6. 控制、引导观赏视线的作用

地形构成了景观空间的水平底界面以及部分的竖向界面，因此是空间尺度大小的决定因素之一，它能限定视觉空间大小，并有助于视线导向，同时也能够在需要时起到遮蔽视线的作用。景观地形的真正价值在于人与自然的交流，好的地形设计，能为游人提供最佳的观景位置或者是创造良好的观景条件。

7. 防洪的作用

对于滨水景观，地形还有着一个更为重要的作用——防洪。

如果巧妙地将防洪墙与地形相结合,将其慢慢过渡隐藏在景观中,不仅能解决城市的防洪,而且还能防止数米高的大堤阻断游客的视觉通廊。

8. 有利于其他景观元素的设计完善

地形设计有利于场地的小气候营造,能影响场地中的日照、温度、风向、降水等诸多气候因素。合理的地形设计还能增加绿化面积,有利于植物设计的层次性及丰富性;不同坡度的地形可以影响植物种植的分布,适合不同习性的植物生存,从而提高了植物的多样性。另外,地形设计还能影响交通路网的布置,影响水体设计的走向、状态和整体布局。水景的丰富性通常也离不开地形的烘托。

(六)地形设计的原则与设计手法

1. 地形设计的原则

地形设计的原则主要体现在以下几个方面。

(1)对地形的改造应尽量以最小干预为原则,尊重原有地形地貌,尽量减少"填方"和"挖方"。

(2)要做到因地制宜的改造地形,符合自然规律,不可破坏生态基础,根据具体地理环境制定改造设计计划。

(3)在进行地形的改造和设计过程中,要考虑艺术审美要求。

(4)设计应以节约为指导原则。

2. 地形的设计手法

地形设计应该因地制宜、顺其自然、利用为主、改造为辅。在城市景观中的铺装、植物、建筑等布置应根据地形的走势,尽量避免、减少挖方或填方,做到挖、填土方量在场地中相互平衡、合理运用,这样可以节省大量的人力、物力、财力,减少不必要的资源浪费。

在城市景观设计中,坡地具有动态的景观特性,合理地利用坡地的地形优势,与水景(瀑布、溪涧等)、植物、建筑等结合,能创造出层次丰富、极具动感的景观效果。同时,在地形变化不明显的场所中,通过营造局部下沉或抬升空间的方法,可以增强景观的视觉层次及空间的趣味性,给游人带来不同的空间感受,即用点状地形加强场所的领域感、用线状地形创造空间的连续性。由于自然界中未经处理的地形变化通常都是线条流畅的自然形态,因此,将景观设计中的地形处理成诸如圆锥、棱台、连续的折线等规则或简洁的几何形体,形成抽象雕塑一样的体量,能与自然景观产生鲜明的视觉效果对比,从而提升游人观赏及参与的兴趣。

场地的等高线是地形设计的主要参考因素,一般来说,车与人沿等高线方向行进最为省力,建筑物的长边平行于等高线布局,也可以在一定程度上减少土方量。当场地坡度过大,或是需在坡地环境营造平坦空间时,可利用挡土墙将原有地形做梯田状的改造,即把连续的坡地分割成几个高度跌落的平台,在不同的台地上分别组织相应的功能,极大地提升了景观的层次感和丰富度。

二、植物

植物在城市景观中也是一个重要的造景元素,在设计中常用的有乔木、灌木、草本植物、藤本植物、水生植物等。植物对城市景观的总体布局极为重要,所构成的空间是包括时间在内的四维空间,主要体现在植物的季相变化对三维景观空间的影响。

(一)植物在城市景观中的作用

1. 改善环境

植物在城市景观设计中可以改善提高环境质量。例如在城市环境中,常使用体态高大的乔木来遮挡寒风。如果行道树和景观树为阔叶树,就会形成浓荫,可以在酷暑中遮挡骄阳。建筑场地与城市道路相邻时,沿道路边的地界线处用大中小乔木、灌木结合,既可以丰富道路景观,又可以降低噪声。植物还具有吸尘的作用,利用这些特征,可以有效地改善景观的小环境。

2. 美化环境

发挥植物本身的景观特性,并对环境起到美化、统一、柔化、识别和注目等作用。美化环境的作用主要体现在以下几个方面。

(1)造景作用。植物自身具有良好的观赏展示效果,除了优美的形态与色彩(图3-15),植物还能够体现和表达景观场所中的文化内涵及主观情感。

图3-15 利用植物造景

(2)完善作用。植物通常作为配景出现在城市建筑的周围,其形态与体量与建筑形成互补,能够起到延长建筑轮廓线、软化建筑体量的作用,形成建筑与周围环境的自然过渡(图3-16),达到协调、完善的景观效果。

图3-16 建筑周围的植物配景

(3)统一作用。在景观视觉效果较为凌乱的情况下,一些相对分散且缺乏联系的景物可以利用成片或线状植物配置带进行连接。通过适当的、整体性的植物配置,可以将环境中杂乱无章的景观元素在视觉上连接在一起,使之成为一个景观整体(图3-17、图3-18)。

图 3-17　杂乱无章

图 3-18　整体性较好

（4）强调作用。借助于植物截然不同的大小、形态、色彩、质感来突出或强调某些特殊的景物,可以将观赏者的注意力集中到适当的位置,使其更易被识别或辨明(图 3-19、图 3-20)。

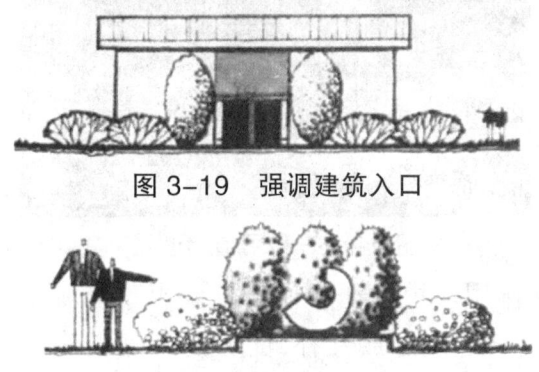

图 3-19　强调建筑入口

图 3-20　突出高大植物前的雕塑

（5）软化作用。植物可以用在景观空间中软化或削弱形态过于呆板僵硬的人工化景物,被植物软化的空间,比没有植物的空间更富有人情味和吸引力。

（6）过渡作用。植物既可以减缓场地地面高差给人带来的视觉差异,又可强化地面的起伏形状,使之更有趣味。另外,深绿色可以让景物有后退的感觉,因此,可通过种植深浅不同的植物来拉伸和缩短相对的空间距离,制造适宜的景深视觉效果。

3. 限制行为

植物本身的可塑性很强,可独立或与其他景观要素一起构成不同的空间类型。利用绿篱的设置,可以限制人们行为的发生,如穿越草坪走近路(图 3-21),靠近需要安静的建筑物窗前玩耍等。

图 3-21　植物的限制作用

4. 烘托气氛

植物的种类极其丰富、姿态美丽各异、四季色彩多变。特别是场地中的小花园,更丰富了场地景观。适当的树种选择,可以形成肃穆、庄严、活泼等不同的环境氛围。

5. 变换空间

植物对于景观空间的划分可以应用在空间的各个层面上。在场地中,可以用植物来围合与分隔空间。乔木可以形成浓荫,供人们在树下小憩;生长繁茂的灌木,使人们的视线不能通视,在观看景物时有一种峰回路转的效果。

在平面上,植物可作为地面材质和铺装配合,共同暗示空间的划分;在此基础上,植物也可进行垂直空间的划分,如不同高度的绿篱可以形成空间的竖向围合界面,从而达到明确空间范围、增强领域感的作用;而高大乔木的树冠可以从垂直方向把景观视野分为树冠下和树冠上两个部分,形成不同的景观视觉效果。

另外,植物营造的软质空间可以起到控制交通流线的作用,利用植物去隔离人的视线,形成天然的屏障,在某些开阔的场所可以起到明确的交通导向作用。此外,植物还能配合水体、地形、建筑等其他景观要素,营造不同功能的游憩空间,以及形成景观空间序列和视线序列,从而构成丰富的城市景观。

6. 遮蔽视线

城市环境中常有一些有碍景观的设施存在。利用枝叶繁茂的小乔木或者是灌木，围合在其周围，就能起到遮蔽的效果。植物遮蔽视线的作用建立在对人的视线分析的基础之上，适当地设置植物屏障，能阻碍和干扰人的视线，将不良景观遮蔽于视线之外；用一定数量、体量的植物围绕在主景周围，遮蔽掉周围无关的景物，形成一个景框，能很好地起到框景作用。一般来说，用高于人视线的植物来遮蔽其他景物，形象生动（图3-22）、构图自由，效果较为理想。此外，还需考虑季节变化，使用常绿植物能达到永久性的屏障作用。

图3-22 利用植物遮蔽视线

（二）常见植物的类型及特征

1. 常见植物的类型

（1）乔木

乔木多为高度5m以上的、有一颗直立主枝干的木本植物（图3-23）。乔木最高可达到12m甚至更高，通常在9~12m之间。乔木的大小决定了它作为主景而出现，构成景观中的基本轮廓和框架，形成立体的高度，通常在设计时优先布置乔木的位置，其次是灌木、地被等。乔木在空间中可以充当室外"天花板"的功能，其高大的树冠为顶部限定了空间，而随着树冠的高度不同，产生了不同心理感受的空间,高度越低,亲切感越浓厚;高度越高,空间越显开阔。

图 3-23 乔木

（2）灌木

灌木（图 3-24）是没有明确的主干,由根部生长多条枝干的木本植物:如映山红、玫瑰、黄杨、杜鹃等,可观其花、叶,赏其果。灌木通常高度在 3m 以下,高度在 1.5~3m 的灌木可以充当空间中的"围墙",起到阻挡视线和改变风向的作用;高度小于 1.5m 的灌木不会遮挡人的视线,但能够限定空间的范围;大于 30cm 小于 1.5m 的灌木与"矮墙"的功能类似,可以从视觉上连接分散的其他要素。

图 3-24 灌木

（3）藤本植物

藤本植物（图 3-25）,是指茎部细长,不能直立,只能依附在其他物体(如树、墙等)或匍匐于地面上生长的植物,如葡萄、紫藤、豌豆、薜荔、牵牛花、忍冬等。利用藤本植物可以增加建筑墙面和建筑构架的垂直绿化,以及屋顶绿化,从而为城市增添观赏情趣;另外,匍匐在地面的藤本植物能够防止水土流失,并可显示空间的边界。

图 3-25　藤本植物

（4）草本花卉

花草是运用相当广泛的植物类型,其品种较多,色彩艳丽,且适合在多地区生长,适用于布置花坛、花境、花架、盆栽观赏或做地被使用。在具体设计实践中,应在配置时重点突出量的优势。根据环境的要求可将草本植物和花卉植物种植为自然形式或是规则式(图 3-26)。

图 3-26　草本花卉

第三章 城市景观设计的构成要素

2. 常用植物的整体形态特征

植物的形态特征主要由树种的遗传性决定,但也受外界环境因子的影响,也可通过修剪等手法来改变其外形。城市景观设计中树木整体形态如表3-1所示。

表3-1 树木整体形态分类

序号	类型	代表植物	观赏效果
1	塔形	雪松、冷杉、日本金松、南洋杉、日本扁柏、辽东冷杉等	庄重、肃穆,宜与尖塔形建筑或山体搭配
2	圆柱形	桧柏、毛白杨、杜松、塔柏、新疆杨、钻天杨等	高耸、静谧,构成垂直向上的线条
3	馒头形	馒头柳、千头椿	柔和,易于调和
4	圆球形或卵圆形	球柏、加杨、毛白杨、丁香、五角枫、樟树、苦楮、桂花、榕树、元宝枫、重阳木、梧桐、黄栌、黄连木、无患子、乌桕、枫香	柔和,无方向感,易于调和
5	扇形	旅人蕉	优雅、柔和
6	圆锥形	圆柏、侧柏、北美香柏、柳杉、竹柏、云杉、马尾松、华山松、罗汉柏、广玉兰、厚皮香、金钱松、水杉、落羽杉、鹅掌楸	庄重、肃穆,宜与尖塔形建筑或山体搭配
7	扁球形	板栗、青皮槭、榆叶梅等	水平延展
8	钟形	欧洲山毛榉等	柔和,易于调和,有向上的趋势
9	伞形	老年油松、年期的滇朴、合欢、幌伞枫、榉树、鸡爪槭、凤凰木等	水平延展
10	垂枝形	垂柳、龙爪槐、垂榆、垂枝梅等	优雅、平和,将视线引向地面
11	风致形	特殊环境中的植物如:黄山松	奇特、怪异
12	倒钟形	槐等	柔和,易于调和
13	龙枝形	龙爪桑、龙爪柳、龙爪槐等	扭曲、怪异,创造奇异的效果
14	丛生形	千头柏、玫瑰、榆叶梅、绣球、棣棠等	自然柔和

续表

序号	类型	代表植物	观赏效果
15	棕榈形	棕榈、椰子、蒲葵、大王椰子、苏铁、桫椤等	雅致、构成热带风光
16	长卵形	西府海棠、木槿等	自然柔和，易于调和
17	匍匐形	铺地柏、砂地柏、偃柏、鹿角桧、匍地龙柏、偃松、平枝枸子、匍匐枸子、地锦、迎春、探春、笑靥花、胡枝子等	伸展，用于地面覆盖
18	雕琢形	耐修剪的植物如：黄杨、雀舌黄杨、小叶女贞、大叶黄杨、海桐、金叶假连翘、塔柏等	具有艺术感
19	拱垂形	连翘、黄刺玫、云南黄馨等	自然柔和

（三）植物要素在城市景观设计中的种植要求与要领

1. 植物要素的种植要求

（1）符合植物的生态要求

选择当地的常见植物在城市景观中运用，不但强化了景观的地域特色，同时也给植物提供了一个良好的生存环境，因为本地植物对光照、土壤、水文、气候等环境因子都已适应，更易于养护管理。

所有的动植物和微生物对其生长的环境来说都是特定的，设计师不能仅凭审美喜好、经济因素等进行植物设计，还应当考虑到病虫害的防御、所需土壤的性质等因素，保持有效数量的乡土植物种群，尊重各种生态过程及自然的干扰，以此来形成生物群落，才能保持生态平衡。

根据当地城市的环境气候条件选择适合生长的植物种类，在漫长的植物栽培和应用观赏中形成具有地方特色的植物景观，并与当地的文化融为一体，甚至有些植物可能逐渐演化为一个国家或地区的象征，如荷兰郁金香（图3-27）、日本樱花（图3-28）、加拿大枫树（图3-29）都是极具地方特色的植物景观。我国地域辽

第三章　城市景观设计的构成要素

阔,气候迥异,园林植物栽培历史悠久,形成了丰富的地方性植物景观,例如北京的国槐、侧柏,深圳的叶子花,攀枝花的木棉,都具有浓郁的地方特色。这些特色植物种类能反映城市风貌,突出城市景观特色。

图 3-27　荷兰郁金香

图 3-28　日本樱花

图 3-29　加拿大枫叶

（2）符合景观的功能性质要求

植物的运用要符合整个景观环境的功能要求,搭配时要考虑其协调性。另外,还需要考虑植物的属性与景观场所的功能匹配性,例如在儿童经常玩耍的地方不能设计有刺的植物,尖形属性的植物,如雪松、鸢尾等,更不能设计具有毒性的植物;在人行道的两侧尽量不要种植表面有根系的植物,因为它们长长的根系能拱起路面,引起行人的不便;果实较多的植物非常容易使路面打滑,影响行走;长枝条的植物,如杨柳、迎春等,容易伤到行人的眼睛和脸部。所以,要根据植物对土壤、空间等元素的要求,人对城市景观的要求和植物本身的属性相结合来设计城市中的植物景观,这样才能达到植物良好的生存状态,使城市的植物景观效果能够得到可持续发展。

（3）展现植物的观赏特性

每种植物都有其不可替代的观赏价值,因此要对其艺术地搭配和种植。考虑植物的季节特性,力求使丰富的植物形态和色彩随着季节变化交替出现。当然,这要建立在主次分明的基础上,以免产生视觉上的混乱。

2. 植物要素的种植要领

（1）确定主景植物与基调植物

在设计中如没有特别的要求,种植设计的深度一般不要求确定每一棵植物的品种,但需要确定主景植物与基调植物。图纸表达一定要能区分出乔、灌、草和水生植物,能够区分出常绿和落叶。在对植物进行选择时,要思考如下问题:如何理解种植设计?在设计中植物起什么作用?还需要有针对的研究一下植物的种植要点,可以参考相关植物设计书籍中关于种植设计的讲解。

（2）种植设计要有明确的目的性

种植设计需从大处着眼,有明确的目的性。无论是整体还是局部,都要明确希望通过植物的栽植实现什么样的目的,达到什么样的效果,创造什么样的空间,需有一个总体的构想,即一个大概的植被规划。是一个开阔的场景,还是一个幽闭的环境;是繁花似锦,还是绿树浓荫;是传统情调,还是现代气息。明确哪些地方需要林地,哪些地方需要草坪,哪些地方需要线性的栽植,是否需要强调植物的色彩布局,是否需要设置专类园等。这些都是在初始阶段需要明确的核心问题。

(3)理解并把握乔木的栽植类型

乔木的栽植类型主要有孤植、对植、行植、丛植、林植、群植六种类型。在设计过程中,应根据具体的设计需要选择恰当的栽植类型,以形成空间结构清晰,栽植类型多样的效果。

(4)充分利用植物塑造空间

我们设计的大部分户外环境,一般都以乔木和灌木作为空间构成的主要要素,是空间垂直界面的主体。植物还可以创造出有顶界面的覆盖空间。在应用植物塑造空间时,头脑中对利用植物将要塑造的空间需先有一个设想或规划,做到心中有数,如空间的尺度、开合、视线关系等,不可漫无目的的种树。植物空间要求多样丰富、种植需有疏密变化,做到"疏可走马、密不透风"。

(5)林冠线和林缘线的控制

林冠线和林缘线,种植时需控制好这两条线。林缘线一般形成植物空间的边界(图3-30),即空间的界面,对于空间的尺度、景深、封闭程度和视线控制等起到了重要作用(图3-31)。林冠线也要有起伏变化,注意结合地形。

图3-30 林缘线

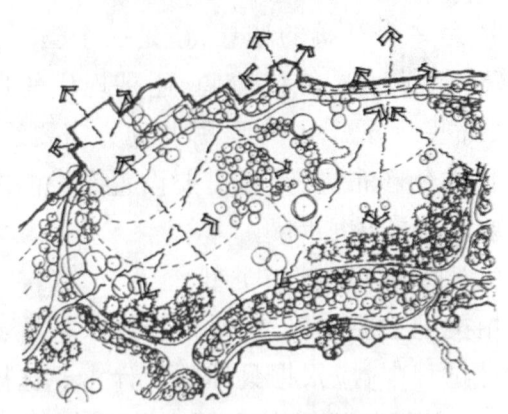

图 3-31　植物对视线的控制

可以通过林缘线的巧妙设计和视线的透漏,创造出丰富的植物层次和较深远的景深,也可以通过乔、灌、草的搭配,创造出层次丰富的植物群落。

（6）与其他要素相配合

特别是与场地、地形、建筑和道路相协调、相配合,形成统一有机的空间系统。如在山水骨架基础上,运用植物进一步划分和组织空间,使空间更加丰富。

（7）植物的选用

注意花卉、花灌木、异色叶树、秋色叶树和水生植物等的应用。可以活跃气氛,增加色彩、香味。大面积的花带、花海能形成热烈、奔放的空间氛围,令人印象深刻。水生植物可以净化水体、增加绿量、丰富水面层次。

（四）植物的空间塑造

植物在构成室外空间时,具有塑造空间的功能。植物的树干、树冠、枝叶等控制了人们的视线,通过各种变化互相组合,形成了不同的空间形式。① 植物空间的类型主要有以下几种。

---

① 在运用植物构成室外空间时,如利用其他设计因素一样,应首先明确设计的目的和空间性质(开旷、封闭、隐密、雄伟等),然后才能相应地选择和配置设计所要求的植物。

第三章 城市景观设计的构成要素

1. 开闭空间

在生态景观设计中需要注意植物的自身变化会直接影响到空间的封闭程度,设计师在选择植物营造空间时,应根据植物的不同形态特征、生理特性等因素,恰当地配置营造空间。借助于植物材料作为空间开闭的限制因素,根据闭合度的不同主要有以下几种类型。

（1）封闭空间

封闭空间是指水平面由灌木和小乔木围合,形成一个全封闭或半封闭的空间,在这个空间内我们的视线受到物体的遮挡,而且环境通常也比较安静,也容易让人产生安全感,所以在休息室我们经常采用这种设计（图3-32）。

图3-32　封闭空间

（2）开敞空间

开敞空间（图3-33）[①] 在开放式绿地、城市公园、广场、水岸边等一些景观设计类型中多见,如草坪、开阔水面等。这类空间中,人的视线一般都高于四周的景观,可使人的心情舒畅,产生开阔、轻松、自由、满足之感。对这类空间的营造,可采用低矮的灌木、草木花卉、地被植物、草坪等。

（3）半开敞空间

半开敞空间是指从一个开敞空间到封闭空间的过渡空间（图3-34）,即在一定区域范围内,四周并不完全开敞,而是有部分视角被植物遮挡起来,其余方向则视线通透。开敞的区域有大有小,

---

① 本节的手绘图由喻棶浠绘制。

可以根据功能与设计的需要不同来设计。半开敞空间多见于入口处和局部景观不佳的区域,容易给人一种归属感。

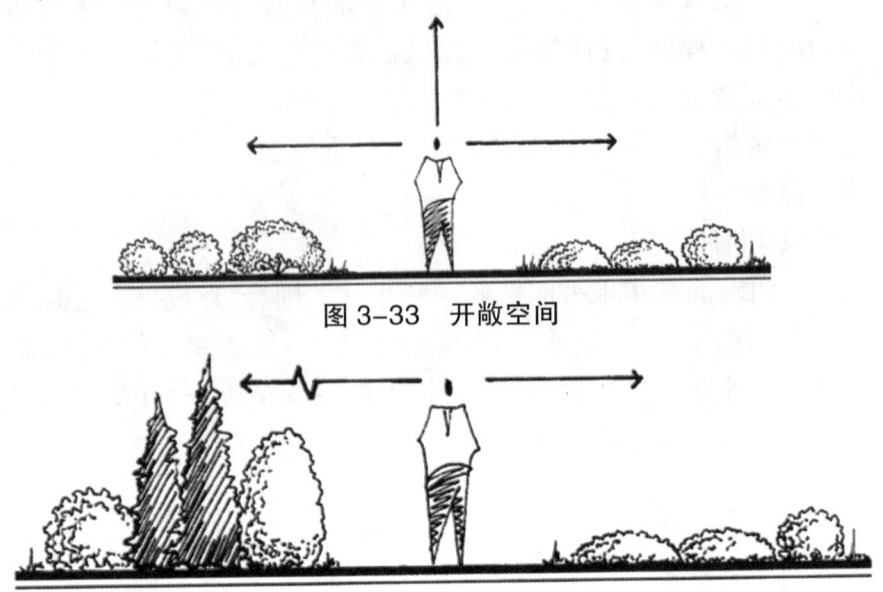

图 3-33　开敞空间

图 3-34　半开敞空间

2. 动态空间

所谓的动态空间就是空间的状态是随着植物的生长变换而随之变换的,我们都知道植物在一年四季中都是不同的,把植物的动态变化融入空间设计中,赋予空间生命力,也带给人不同寻常的感受。

3. 方向空间

植物一般都具有向阳性的生长特点,所以当设计师利用植物来装饰空间的时候要特别注意对植物的生长方向进行制约,以此达到想要的空间设计效果。

（1）垂直空间

垂直空间主要是指利用高而密的植物构成四周直立、朝天开敞的垂直空间,具有较强的引导性（图 3-35）。在进行垂直空间的设计时我们常常使用那些细长而且枝繁叶茂的树木来拉伸整个空间,运用这种空间设计的时候整个景观的视野是向上延伸的，所以当我们抬头向上望时会给人造成一种压迫感，因此在这种空间内我们的视线会被固定，注意力也会比较集中。

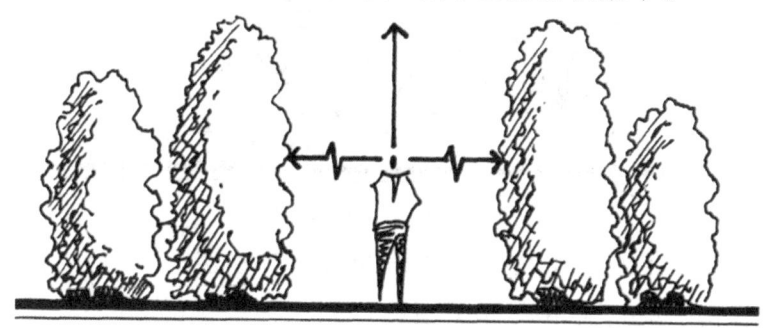

图 3-35　垂直空间

善于利用细长的树木来划分不同的空间结构是设计师必须掌握的一项技能。树干就相当于一堵围墙，运用树木或稀或密的排列，形成开阔或者是密闭的空间（图 3-36）。因此这对施工前期树木种植的合理性要求较高。

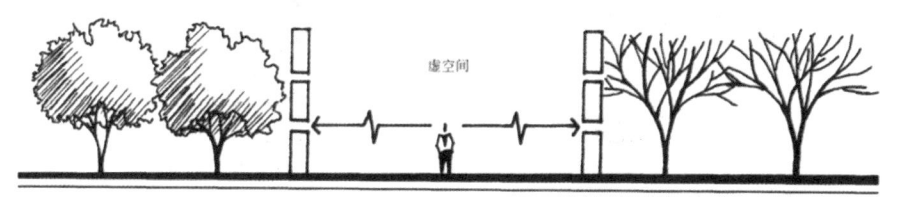

图 3-36　树干形成的空间感

（2）水平空间

水平空间是指空间中只有水平要素限定，人的视线和行动不被限定，但有一定隐蔽感、覆盖感的空间。在水平空间内空间的范围是非常大的，相对来说它的视野也较为开阔，但是在这种敞开式的空间中要求有一定的隐私性、包裹性，我们可以利用外部的植物来达到这种效果。那些枝繁叶茂的植物能够把上部空间很好的封锁住，但是水平的视野没有受到限制，这一点和森林极为相似——在树木生长繁茂的季节有昏暗幽静的感觉（图 3-37）。

图 3-37　水平空间

我们除了利用生长繁茂的植物来营造覆盖空间,还可以使用类似于爬山虎这类的攀缘类植物达到这种效果(图3-38)。这是因为这类植物具有很好的方向性,它的生长方向非常容易控制,因此在空间设计时得到了广泛的运用。

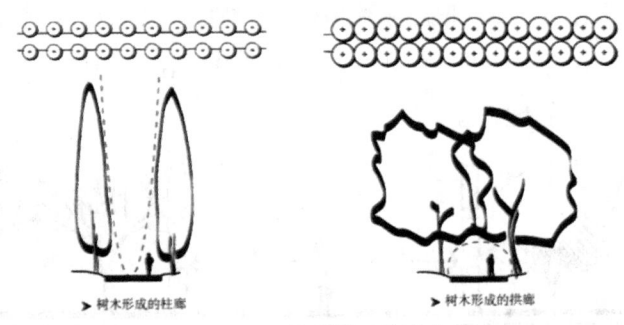

图 3-38　廊道与覆盖空间

三、水体

(一)水体的类型

城市中的水资源是非常宝贵的,其可持续利用体现在河流自然的水循环过程、地下水的净化和利用、雨水的回收再利用等方面(图3-39)。

从宏观层面看,城市景观中的水体主要包括自然水体和人工水体两种类型。

第三章　城市景观设计的构成要素

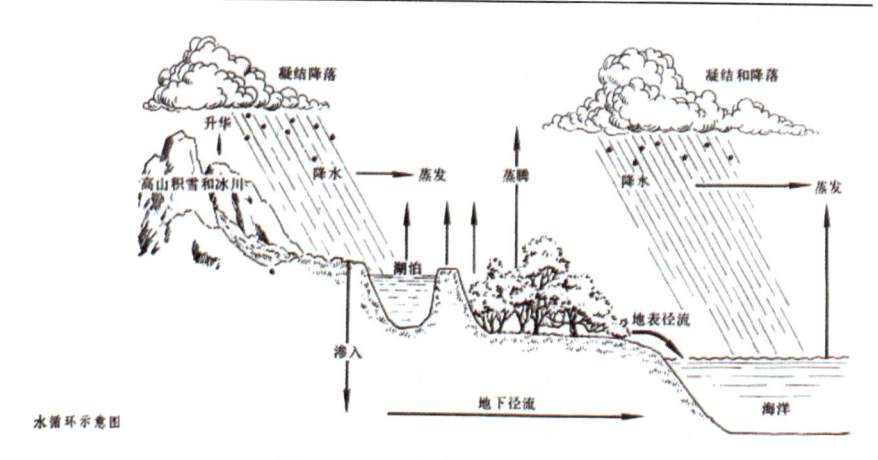

图 3-39　地球上的水循环

1. 自然水体

自然水体是指江河湖泊等大的水域，是人类生存、生活的必须要素之一，在城市景观中具有较高的象征意义和生态价值。目前，越来越多的城市非常重视保护和恢复河流的自然形态，把河流的驳岸生态性作为城市自然水体净化的一个重要方面。[①] 生态河岸对河流水文过程、生物过程还具有很多功能，例如：滞洪补枯、调节水位；增强水体自净作用；为水生生物提供栖息、繁衍的场所等。

2. 人工水体

人工水体是指在景观设计中，根据一定的功能需要，设置在特定位置的，或供人娱乐，或供人观赏，并且具有不同形式美的人造水体景观。

（二）水体在城市景观中的作用

水体在城市景观中的作用可概括为以下几点。

[①] 生态河岸是指恢复后的自然河岸或具有自然河岸"可渗透性"的人工驳岸，它可以充分保证河岸与河流水体之间的水分交换和调节的功能，同时具有一定的抗洪强度。

1. 基底背景作用

广阔的水面可开阔人们的视域,有衬托水畔和水中景观的基底作用。当水面面积不大时,水面仍可因其产生的倒影起到扩大和丰富空间的视觉和心理效果。

2. 生态平衡功能

在大尺度的自然水体——湖岸、河流边界和湿地会形成多个动植物种群的栖息地,生态系统维持着生物链的平衡、多样和完整,为人类与自然的和谐共存奠定基础。虽然城市景观中一些小尺度的水景不具备宏观景观生态学所定义的生态意义,但是它们仍然对人居环境具有积极的作用。

水体景观能调节区域小气候,对场地环境具有一定的影响作用。大面积水域能够增加空气的湿度,调节园林内的温度,水与空气中的分子撞击能够产生大量的负氧离子,具有一定的清洁作用,有利于人们的身心健康。水体在一定程度上改善区域环境的小气候,有利于营造更加适宜的景观环境。夏季通常比外界温度低,而冬季则比外界温度高。另外,水体在增加空气湿润度,减弱噪声等方面也有明显效果(图3-40)。

图3-40 水体能减弱噪声

3. 赋予感官享受

水可通过产生的景象和声音激发思维,使人产生联想。水的影像、声音、味道和触感都能给人的心理和生理带来愉悦感。对于大多数人来说,景观中的水都是其审美的视觉焦点,可以从中

第三章 城市景观设计的构成要素

获得视觉、听觉和触觉的享受,甚至升华为对景观意境的追求与共鸣。

4. 提升景观的互动和参与性

水体不仅仅给人以感官享受,在一些特定的水体形式中,人们能与水景产生互动,可以增强人对城市景观的体验。水体具有特殊的魅力,亲近水面会给人带来各种乐趣(图3-41)。为了满足人的亲水天性,提升空间的魅力,可利用水体开展各种水上娱乐活动,如游泳、划船、溜冰、船模等,这些娱乐活动极大地丰富了人们对空间的体验,拓展了整个环境的功能组成,并增加了空间的可参与性和吸引力。当今出现了更多新颖的水上活动,如冲浪、漂流、水上乐园等。

图 3-41 亲水广场

5. 划分与割断空间

在景观设计中,尤其是一些场地尺度较为局促、紧张的景观场所中,为避免单调,不使游客产生过于平淡的感觉,常用水体将其分隔成不同主题风格的观赏空间,以此来拉长观赏视线。

(三)水体景观的设计要领与原则

1. 水体景观的设计要领

水体景观的设计要领主要体现在以下几个方面。

(1)我们在设计水体景观的时候要特别注重水体的流动系

统,要防止水变成死水,不然就会造成环境破坏以及影响欣赏。

(2)因为水的流动性,所以在设计的时候一定要做好防漏水处理,防患于未然。

(3)有一些景观的管线暴露在外,对景观的美观影响是极大的,所以在前期设计当中要考虑到位,以免出现类似的情况。

(4)在选用水体景观的底部设计材料的时候,要根据想要呈现的效果选择合适的用料及设计。

(5)最重要的就是安全,漏电的情况是绝对不允许发生的,其次水深也是一个影响安全的重要因素。

2. 水体景观的设计原则

水体景观在城市景观中的应用是一个亮点,同时也是一个难点,一般来说要注意以下几点。

(1)合理定位水景的功能与形式

在对整个场地进行勘察的时候要明确水景的具体功能,应该结合当地的自然资源、历史文脉、经济因素等条件因地制宜地建造功能适宜的水体景观。同时,城市景观是一个整体,水体是整个景观的一部分,所以水景要与整个景观融为一体,水体应与场地内的建筑、环境与空间相协调,尽可能合理利用景观所在地的现有条件造出整体风格统一、富有地域性文化内涵的水体景观,而不是孤立地去设计水景。此外,初期投资费用以及后续管理费用也应结合水景的功能定位,给予合理安排。

(2)人工水景设计要考虑净化问题

人工式水景可能会有污染,因此,可根据具体的水景形式,通过安装循环装置或种植有净化作用的水生植物来解决,并且应对水体进行连续或定期的水质检测、消毒等措施,以便发现问题及时处理。

(3)高科技元素可以丰富水体的应用与表现形式

水景设计是一项多学科交叉的工程,它是一门集声、光、电于一体的综合技术。灯光可使水体拥有绚烂的色彩,一些电子设备可以使水展现纵向造型,音乐和音效的加入更强化了观者的心理愉悦程度。另外,对于一些有特殊需要的水体景观,例如在降低能耗的前提下,如何保持水在低温环境中不结冰,都需要创新性科技元素的应用。

(4)做好安全和防护措施

水能够导电,水深也是一个安全隐患,在水景设计时要根据功能合理地设计水体深度,妥善安放管线和设施,深水区要设置警示牌和护栏等切实有效的安全防护措施。另外,要做好防水层的设计,在一些寒冷的地方还要做好设施的防冻措施。

(四)水体景观的设计形态与形式

1. 水体景观设计的形态

在景观设计过程中,水体常有以下四种基本设计形态。

(1)静水

水体并没有绝对静止的,只是相对于动态水而言,流动速度相对较缓的湖泊、水塘、水池等中的水,一般被划分为静态水体。静水的特点是宁静、祥和、明朗,能够起到净化环境、划分空间、丰富环境色彩、烘托环境气氛以及暗示和象征的作用。例如平静的水面,可映照出周围的景色,所谓"烟波不动影沉沉,碧色全无翠色深。疑是水仙梳洗处,一螺青黛镜中心。"一池清水,就是一面镜子。蓝天白云、绿树青山、屋宇亭台等倒映水中,好似海市蜃楼。而有风吹水动之时,则又有"滟滟随波千万里"之意境。水和月的组合,自古以来就是诗人吟诵的对象:"烟笼寒水月笼沙"也好,"疏影横斜水清浅,暗香浮动月黄昏"也罢,都表现出水月交融如梦如幻的朦胧美。

在设计时,水体轮廓和水面倒影是其视觉表现的主要内容。如图3-42所示,平静如镜的水面柔化了建筑空间形态,水面倒影丰富了空间层次,形成柔美、静逸的空间氛围。

图 3-42 城市静态水景设计

（2）流水

流动的水具有活力和动感，给人一种蓬勃欢快的心情。在大自然中，我们通常把流动的水称之为流水，但是我们观察到的流水并不是完全一样的，这主要是因为在大自然中有多种因素影响着水流的形成状态。在城市景观设计中，设计师经常把流水引入设计中，借助溪流等形式来营造生动活泼的气氛，还可配以植物、山石，营造出闲适、优雅的意境，其蜿蜒的形态和流动的声响使景观环境富有个性与动感。

流水也有缓急之分，水由高处流往低处的时候通常会比较湍急，而在平原之地时又会比较平缓，我们可以利用流水的不同状态来为景观设计增设亮点。在进行设计的时候利用水流将整体划分为不同的区域，这样的设计会让人既感到放松又富有活力（图 3-43）。

图 3-43 流水景观效果图

（3）落水

落水是指从高处突然落下形成的水体。落水在设计时要求有一定地势落差，坠落的过程总是给人强烈的震撼。把它运用于景观设计时应当注意别把它的规模设计的太小，因为那样就不能给人的感官带来震慑，特别是听觉。

受落水口、落水面的不同影响而呈现出丰富的下落形式，经人工设计的落水（图3-44）包括线落、布落、挂落、条落、层落、片落、云雨雾落、多级跌落、壁落等。不同的落水形式带来不同的心理感觉和视觉享受，时而潺潺细语、幽然而落，时而奔腾磅礴、呼啸而下，变化十分丰富。

图3-44　落水景观效果图

（4）喷水

在我们的日常生活中喷泉是随处可见的，它是典型的喷水景观。像喷泉这样的喷水景观可以融合多种元素做出风格迥异的景观，比如我们常常用音乐和喷水结合，这就是音乐喷泉，随着音乐的节奏，水柱或高或低，或急或缓；还有与彩灯结合的，在各种光柱的衬托下喷水好像活了一样，十分的生动有趣（图3-45）。喷水可以用天然水也可以用人工水，但是要注意处理好各个构成部分的系统，以免以后出现不必要的麻烦。

图 3-45　喷水池

2. 生态水体景观的设计形式

生态水体景观设计形式主要有以下几种。

（1）溪流

溪流是自然山涧的一种水流形式,它也是我们构造景观的重要部分(图3-46)。溪流具有多种形态——有长的有短的,有宽的有窄的,有直的有弯的。利用不同形态的溪流再搭配植被、假山、平原等就可以营造出或优美,或粗犷,或辽阔的景观。也可以铺设石子路来增加整个景观的意境,同时也方便我们近距离的观赏。在平缓的溪流上划船,近距离的观赏美景,更具一番风味。

图 3-46　溪流

总之,水的形态运用应根据具体的意境而定,如果是以山为主的城市假山园,水作为附体,则多以溪流、沟涧等能与山石相结合的形式处理水造景,以增加山的意趣。或者在山麓作带状的渊潭,以水的幽深衬托山的峻高。在以水为主的城市园林中,多集中用水形成大的湖泊,同时辅以溪流,组合出各具姿态的水景园。

(2)池塘

池塘是指成片汇聚的水面。池塘的水平面较为方整,通常设有岛屿和桥梁,岸线较平直而少叠石之类的修饰,水中通常会种植一些观赏植物,如荷花、睡莲、藻等,或放养一些观赏鱼类(图3-47)。

图 3-47 池塘

(3)湖泊

湖泊是生态城市景观设计中的大片水域,具有广阔曲折的岸线和充沛的水量。生态城市景观中设计的湖,通常比自然界的湖泊要小很多,因其相对空间较大,常作为构图中心。湖中设岛屿,用桥梁、汀步连接,也是划分空间的一种手法。水面宜有聚有分,聚分得体。聚则水面辽阔,分则增加层次变化,并可组织不同的景区。例如颐和园中的昆明湖、承德避暑山庄的塞湖(图3-48)等。

(4)瀑布

瀑布的水源或为天然泉水,或从外引水,或人工水源(如自来水)。瀑布的景观感染力最强,可产生飞溅的水花和泼溅的声响。[①]生态景观中的瀑布意在仿自然意境,处理瀑布界面时,水口宽的成帘布状,水口狭窄的成线状、点状,有的还可以分水为两股或多

---

① 瀑布有挂瀑、帘瀑、叠瀑、飞瀑等形式,飞泻的动态给人以强烈的美感。

股(图 3-49)。

图 3-48　承德避暑山庄——塞湖

图 3-49　瀑布

(五)水体景观的水岸处理

在水体景观设计中,我们常常利用水岸线来解决水边缘的美观问题,与此同时它还有存储水资源以及防止洪水等作用,怎么设计水岸线,通常需要考虑整体景观想要呈现的效果。

不同的水岸形状具有不同的特点——笔直的水岸线洒脱利落,弯曲的水岸线魅力不凡,深凹的水岸有利于成为船舶停靠岸,凸出的水岸十分容易形成岛屿。

伴随着社会环境的不断改善,以及人们生活水平的不断提高,水岸发挥的作用也越来越多样化,既要满足观赏的需要,又要符合美化环境的要求。

1. 山石驳岸

因为太湖石等石料具有防洪的作用,更重要的是它的观赏性也很强,所以在河岸的景观设计中经常利用这种石料。为了取得更为出色的效果,最近几年在景观中融合了种植树木的设计,重新赋予了整个景观以生命力。

2. 垂直驳岸

在水体边缘和陆地的交界处,可利用石头、混凝土等材料来稳固水岸,以免遭受各种自然因素和人为因素的破坏。

3. 天然土岸

通常把泥土筑成的堤岸称之为泥土堤岸,但是为了确保安全不宜将它筑的过高。由于是泥土筑成的,所以在堤岸上种植花草树木是十分便利的,在满足观赏功能的同时,还可以防止雨水的冲洗造成的崩塌。

4. 混凝土驳岸

在水流变化不定的水岸,利用混凝土来建筑堤岸是非常合适的,它具有便宜耐用的特点。为了提高其美感,研制出了新型材料,这对驳岸的设计无疑是有益无害的。

5. 风景林岸

林岸即生长着树木的水岸,这些树木通常是灌木以及乔木等。灌木和乔木具有生长快速而且极易存活的特点,所以将它们融入风景林岸中可以营造出一幅绿意画卷。

6. 檐式驳岸

为了营造出陆地与水岸的连接效果,在水岸融入了将房檐与水结合的设计。这种设计给人带来的视觉冲击是极强的。

7. 草坡岸

在水岸线上建筑平缓的斜坡,并在上面种植绿草,也可零星种植些花,这种清新自然的设计一直深受大众的喜爱。

8. 石砌斜坡

在进行水岸处理的时候将水岸构造成一个斜面,再利用石板一层一层铺设,这就是我们所说的石砌斜坡。因为这种材料具有极强的牢固性,所以在水位变化急剧处运用广泛。

9. 阶梯状台地驳岸

在较高的水位处设计阶梯状的水岸,有利于时刻适应水位高低落差的变化,在洪涝灾害发生时可起到重要的防范作用。

第二节　人工景观要素

构成城市景观的人工要素主要包括建筑、铺装、景观小品、服务设施等"人为建造"的基本景观单元,与自然景观要素一样,它们都是属于物质层面的,人们可以通过眼、耳、鼻、舌等感觉器官感知到它们的"客观实在性";并且,它们都具有一定的具体表现形态,都是依赖于人的参与、改变或创造而形成的。

一、建筑

关于景观建筑的具体设计我们在第六章中会详细论述,这里仅简单介绍。

当下土地资源日渐珍贵,从节约建设用地的角度来看,在城市中能集中布局的尽量不要采用分散式布局,以提高容积率和建筑密度。但分散布局在顺应地形、空间节奏、形态对比以及景观视野等方面具有显著优势。

按照空间特性可分为内向型或外向型布局。内向空间强调围合性、隐蔽性,有较明确的边界限定,如"庭""院""天井"等都倾向从建筑开始向内部围绕闭合。而外向空间通常是以场地的核心位置或至高点处建筑物或构筑物开始朝外围空间扩张、发散。如我国皇家园林中,通常在山脊堤岸等控制点建造亭台楼阁以观周遭景色,就具有外向开敞的特点。

按照组织秩序特质可分为几何化与非几何化布局。几何化布局体现了建筑在关注基本使用、体验以及建造逻辑等理性条件下的自我约束特征。非几何化布局反映出形态的多元性与自由性。

归结起来常见的有以下有效布局方式。

(1)轴线对称布局。轴线对称布局强调两侧体量的镜像等形;轴线可长可短;可安排一条,也可主次多条并行。这种体系为很多古典以及纪念性建筑提供了等级秩序基础;直至现代,轴线系统也因其鲜明的体块分布及均衡稳定的图式等优势成为很多建筑师重要的设计策略(图3-50)。

图3-50 轴线对称布局

(2)线性长向布局。线性布局相对"点""面"的几何特性而言更强调方向感,它以长向布局造成节奏的重复与加强,可以沿某一方向直线或折线等展开,具有明显的运动感。张永和及其非常建筑工作室设计的北京大学青岛国际会议中心,就采用了线形布局(图3-51)。基地是临海陡坡,建筑垂直于等高线横向延伸;一字并联的建筑呈现从山至海、从上到下的明确方向指示;人们在一系列由不同标高的室内功能区域到室外平台的转换游历过程中,强化了对线形空间的体验。

图3-51　北京大学青岛国际会议中心

（3）核心内向布局。核心布局可被描述为一种各部分都按一定主题组织起来的内向系统，它具有中心与外围之分。风车型、十字型、内院型、圆型以及组团围合等都具有明显的内聚向心力。我国福建客家楼就是典型的核心布局系统。建筑采用单纯的绝对对称型制——圆形围合成内院，若干住户连续安排在圆圈外围，中心设置公共建筑，这样的布局显然利于聚族而居和抵御外侵（图3-52）。

图3-52　福建客家楼

（4）放射外向布局。放射布局是一种从中心向外辐射传递力量的外向系统，各方向在相互牵制中保持动态平衡。威廉·彼得森（William Pedersen）与科恩·彼得森·福克斯（Kohn Pedersen Fox）共同设计的美国佛蒙特州斯特拉顿山卡威尔度假别墅（Carwill House Ⅱ, Stratton Mountain, Vermont），顺应山林坡地做不规则布局，圆柱形楼梯成为各放射单元的联系、交接与过渡区域，各体量围绕它在三个基本方向上形成螺旋逆转。这种不规

第三章 城市景观设计的构成要素

则的放射布局,使人们在行进的各个透视角度上,都具有异于单一线形体系的丰富视觉层次(图3-53)。

图3-53 威尔度假别墅

二、铺装

铺装是指室外景观环境中单一的或者形态、色彩等各异的几种材料组合在一起,存在于地面最顶层的硬质铺地。铺装区域的主要作用是为车辆或行人提供一个安全的、硬质的、干燥的、美观的承载界面,并与建筑、植物、水体等元素共同构成景观,因此,铺装是景观环境的重要组成部分。铺装的设计手法随景观环境的变化而变化,能较好地烘托城市景观氛围。

(一)铺装的功能

城市景观中铺装的功能包括两个方面:一方面是它的物质功能,另一方面是它的精神功能。前者是实现后者的前提,二者密不可分。

1. 铺装的物质功能

物质功能是铺装设计发展至今最为重要和最为基本的功能,失去了物质功能,铺装也就没有存在的意义了。

铺装首先要考虑的是交通功能,在设计中首要考虑安全性与舒适性问题。交通功能对铺装的基本要求是要考虑防滑和坚固的需求,要能应对所有自然因素造成的破坏,还要应对车辆荷载可能导致的铺装下沉或断裂的危险。另外,铺装还要具有超强的稳定性,遇到寒冷、炎热等天气时能够具备抗老化、抗磨损的特性;作为车行交通枢纽的铺装,还应该具备较好的摩擦力和平整度,以保证行车的安全感和舒适感。

(1)限定和划分空间

铺装景观通常还用来划分空间内部不同功能或不同环境区域的边界,使整个景观空间更加容易被识别。通过铺装材料或样式的变化形成空间界线,在人的心理上产生不同暗示,达到空间限定及功能变化的效果。两个不同功能的活动空间往往采用不同的铺装材料(图3-54),或者即使使用同一种材料,也采用不同的铺装样式。用铺装来划分空间区域,可以减少围栏等对人们造成的视觉困扰,同时也避免了大面积单一铺装样式的单调性。

图3-54 划分空间

(2)引导视线或空间的方向性

由周围向内收敛、具有向心倾向的铺装会将人的视觉焦点引向铺装图案的圆心位置;当地面铺装的总体构形有方向性,并且内部的铺装细部也突出强调这种方向,就会明显体现出空间的视觉或方向导向性。铺装的这种作用既可以用来引导观赏者的视线,也可以引导他们在景观中的行进方向,明确空间的观赏视线或交通方向。当然,通过铺装的图案、色彩、组合形式等变化,可以形成直接明确的引导,也可以形成含蓄暗示性的引导,这取决于景观功能与氛围的实际需要。

（3）统一或强调空间

铺装可以将一些复杂的空间环境串联在一起，相同的铺装会让人们感觉到大环境的统一和有序；与相邻空间不同的铺装能够达到强调、突出所在空间的作用。

（4）调节尺度的功能

景观空间的尺度感没有绝对的标准，主要依靠人们经验的判断和心理的量度。通常铺装纹样的复杂化能够使整个空间的尺度看起来缩小，而简单的铺装纹样一般使整个空间尺度看起来很大。另外，通过铺装线条的变化，可以调节空间感，平行于主体空间方向的铺装线条能够强化其纵深感，使空间产生狭长的视觉效果；垂直于主体空间方向的铺装线条能够削弱其纵深感，强调宽度方向上的景物。从铺装材料的大小、纹样、色彩和质感的对比上，不但可以把控整个空间尺度，还能够丰富空间中景观的层次性，使整个景观更具有立体效果。合理利用这一功能可以在视觉上调整空间给人带来的心理尺度感，在视觉上使小空间变大，浅、窄的空间变得幽深、宽阔。

（5）控制游览节奏

铺装可通过图案、尺度等变化来划分空间，界定空间与空间的边界，控制人们在各空间中的活动类型、活动节奏和尺度，从而达到控制游览节奏的目的。在设计中，经常采用直线形的线条或有序列的点暗示空间结构，引导游人前进；在需要游人驻足停留的静态场所，则惯于采用稳定性或无方向性的铺装，再配合相对放大的空间尺度；当需要引导游人关注某一重要的景点时，则采用聚向景点方向的走向的铺装。

（6）提醒、警示的功能

在学校、居住区或大型公共建筑等地段，车行道路上都铺有减速带或其他形式的铺装，提醒过往车辆降低车速，保证行人安全。另外，一些商业店铺或者私人住宅门前区域的强调性铺装也能起到提醒注意的作用，表明从公共空间到专有空间属性的变化,暗示经过者绕行。

(7)隔离保护的功能

在城市公共空间中,有许多景观设施是不许人们靠近或践踏的,如果利用铺装作为限制的话,可以起到提醒行人绕行的目的,甚至铺装可以配合其他公共设施起到相应的作用,这样既起到了保护环境的作用,又能够使整个城市空间显得更有秩序感和艺术感。

2. 铺装的精神功能

(1)满足心理层面的主观审美需求

在满足功能实用性的前提下,还应重视铺装的美化效果。适宜的铺装材料精心组合在一起,本身即可成为一道亮丽的风景,创造赏心悦目的景观,表达或明快活泼,或沉静稳重,或从容自在的空间氛围,既能满足人们的审美需求,使人产生心理愉悦感,又能提升景观环境的品质(图3-55)。

图3-55 铺装

(2)表达人文层面的景观意境与主题

大多数人都会有这样一种倾向,认为景观铺装从根本上来说是功能性的,其物质层面的作用更受重视。实际上,铺装设计作为景观设计的重要一环,其成功与否,不仅需要满足物质层面的功能要求,精神层面的功能也至关重要。二者是相互依存、相互促进的关系,只有被赋予一定精神内涵并具有合理功能性的铺装

第三章 城市景观设计的构成要素

设计,其景观效果才能更稳定、更长久,更能吸引游人积极探索个中韵味。

（二）铺装的基本表现要素

1. 质感

铺装材料的质感与形状、色彩一样,会向人们传递出信息,是以触觉和视觉来传达的,当人们触摸材料的时候,质感带给人们的感受比视觉的传达更加直接。铺装材料的外观质感大致可以分为粗犷与细腻、粗糙与光洁、坚硬与柔软、温暖与寒冷、华丽与朴素、厚重与轻薄、清澈与混沌、透明与不透明等。铺装的质感设计需要考虑的问题包括:不同质感材料的调和、过渡;材料质感与空间尺度的协调;质感与色彩的均衡关系等问题。

2. 肌理

肌理是指铺装的纹样。纹样是铺装具有装饰、美化效果的基本要素,铺装纹样必须符合景观环境的主题或意境表达。中国传统铺装中,精美的铺装纹样比比皆是;随着景观设计的发展,地面铺装也形成了大量约定俗成的图案引起人们的某种联想——波浪形的流线,让人们仿佛看到河流、海洋;以动植物为原型的铺地图案,又总会让人觉得栩栩如生;某些图案的组合,还能带给人节奏感与韵律感,好似跳动着的音符。同时,个性化、创造性的铺装图案越来越多,这些铺装图案的使用必须结合特定的环境,才能表达出其自身所蕴涵着的深层次意蕴。

3. 色彩

色彩作为城市铺装景观中最重要的元素之一,是影响铺装景观整体效果的重要组成部分。铺装色彩运用的是否合理,也是体现空间环境的魅力所在之处。铺装的色彩大多数情况下是整个景观环境的背景,作为背景的景观铺装材料的色彩必须是沉着的,它们应稳重而不沉闷,鲜明而不俗气。铺装设计一般不采用过于鲜艳的色彩,一方面,长时间处于鲜艳的色彩环境中容易让人产生视觉疲劳;另一方面,彩色铺装材料一般容易老化、褪色,这样将会显得残旧,影响景观质量。色彩的搭配包括两个方面:一是指不同铺装种类之间色彩的搭配,二是铺装的整体格调与周边环境色彩趋向的和谐。色彩分冷暖色调,冷色调给人的感觉是清新、明快,暖色调则带给人们热烈、活泼的气息。把握住环境的主格调,是合理利用铺装色彩的前提。

4. 尺度

铺装景观中对尺度的把控非常重要,尺度如果不合适,将对整体空间的氛围产生破坏,严重时甚至会使人们出现混乱感。通常,面积较大的空间要采用尺度较大的铺装材料,以表现整体的统一、大气;而面积较小的空间则要选用尺度较小的铺装材料,以此来刻画空间的精致。也就是说同种材料、同种构型的铺装,其尺度的大小,影响着人对环境尺度的感知,甚至决定了景观使用者对它的审美判断。

5. 构型

构型是铺装具有装饰、美化效果的基本要素,几乎伴随着铺装的产生就开始使用。将铺装材料铺设成各种简单或复杂的形状可以加强地面视觉效果,还对功能性有一定的帮助,例如前文所述,地面铺设成平行的线条,可以强化方向感。另外,通过构型的点、线、面的巧妙组合,可以传达给人们各种各样的空间感受,或宁静、高雅,或粗犷、奔放等。

6. 光影效果

中国古典园林里通常用不同颜色的沙砾、石片等按不同方向排列,或是用不同条纹和沟槽的混凝土砖铺砌,在阳光的照射下能产生丰富的光影效果,使铺装更具立体感;同时还能减少地面反光、增强抗滑性。

在城市景观的铺装设计中,首先应把它理解为景观环境中的一个有机组成部分,要考虑与其他景观要素的相互作用,根据不同的铺装整体结构方式形成不同的结构秩序,表现出不同性质的环境特征。同时,从总体指导思想到细部处理手法,铺装设计均应遵循人的视觉特点和心理需求,要考虑到空间功能的多样性,让铺装能满足不同空间和不同人群的多样需求,能够为不同个体、社群的生活提供进行多种自由选择空间的可能性。此外,景观空间中的铺装在时间历史范畴中也具有多样性的特征,不同历史时期的事件在此浓缩、积淀、延续和发展。因此,铺装设计必须有机结合新旧元素,才能创造具有多层面功能、多样化历史意义的景观空间环境。

三、景观设施

景观设施的质量与城市景观综合质量直接相关,景观设施是组成城市景观的重要因素,是城市名片的重要载体。

（一）景观设施的分类

根据具体的用途,景观设施主要分为以下几类。
（1）服务设施。座椅、桌子、太阳伞、休息廊、售货亭、书报亭、健身器械、游乐设施等。
（2）信息设施。指路标志、方位导游图、广告牌、宣传栏、时钟、电话亭、邮筒等。
（3）卫生设施。垃圾桶、烟蒂箱、饮水器、公共厕所等。
（4）照明设施。满足功能性照明和景观性照明的各类室外灯具等。
（5）交通设施。台阶、通道、候车亭、人行天桥、信号灯、防护栏、路障等。
（6）观赏设施。雕塑、树池、花坛、种植器、水池、喷泉等。
（7）无障碍设施。盲道、升降电梯、坡道、专用厕所等。

（二）景观设施的功能

城市景观设施在为人们提供各项服务方面发挥着不可替代的作用，一般来说，具有以下几方面的功能。

1. 使用功能

存在于设施自身，直接向人提供使用、便利、安全防护、信息等服务，它是景观设施外在的、首先为人感知的功能，因此也是第一功能。比如城市步行空间周围的隔离设施，其主要功能是拦阻车辆进入，免于干扰人的活动；路灯的主要用途是夜间照明，以保证车辆行人的交通安全。

2. 空间界面

从形式上看，各类城市景观中的空间界面可以分为显性的和隐性的两大类。"隐性界面"与地面、建筑立面等显性界面不同，它没有明显的"面"的感觉，其界面形态有赖于观察者的心理感受，主要通过各类景观设施的数量、形态、空间布置等方式构成，对环境要求予以补充和强化。例如，一列连续的路灯或行道树构成的隐性界面，对车辆和行人的交通空间进行划分以及对运行方向起到诱导作用，更丰富了城市景观的空间形态与层次。景观设施的这一功能往往通过自身的形态、数量、布置方式以及与特定的场所环境的相互作用显示出来。

3. 装饰美化

景观设施以其形态对环境起到衬托和美化的作用，它包括两个层面：（1）单纯的艺术处理；（2）与环境特点的呼应、对环境氛围的渲染。

4. 附属功能

景观设施同时把几项使用功能集于一身。例如在灯柱上悬挂指路牌、信号灯等，使其兼具指示引导功能；把隔离设施做成休息座椅或照明灯具，从而使单纯的设施功能增加了复杂的意味,对环境起到净化和突出的作用。

景观设施以上四种功能的顺序及组合常常因物、因地而异,在不同的场所,它们的某种功能可能更为突出。

(三)景观设施的设计原则

景观设施包括的内容较多,由于篇幅所限,无法一一归纳总结,但在具体设计时,以下基本原则可作为参考。

1. 匹配原则

景观设施的使用和设计风格都应具有最大程度上的合理性,不可陷入形式主义的漩涡。设计表达必须与特定的生活背景相契合,不能失去本土特色、民族特色,这样才能挖掘和创造有生命力的景观设施。

2. 实用原则

景观设施必须具备相应的实用性,这不仅要求技术支持与工艺性能良好,而且还应与使用者生理及心理特征相适应。

3. 以人为本

人创造了城市景观,但同时又是城市景观的使用者,"以人为本"的思想应贯穿在整个景观设施设计的过程中。人机工程学对人的行为习惯、心理特征都进行了研究,是设计师的主要参照。但是数据毕竟是死的,因此,切实以人的行为和活动为中心,把人的因素放在第一位,是设计的关键。此外,无障碍设计也是一种人文关怀的体现。

4. 绿色设计

绿色设计的原则可以概括为四点:减少、循环、再生和回收。即顺应生态性设计要素的要求,在设计过程中把环境效益放在首位,尽量减少对已有自然和人文环境的破坏。要尽量减少物质和能源的消耗,尽量用可再生资源和天然的材质,减少有害物质的排放。

5. 美学原则

景观设施在提升环境质量的同时,也要符合观者的审美心理,形式美的法则可应用于其中。

6. 整体把握、创造特色

景观设施的设置首先应符合公共生活的需求,其次要与周围的景观环境保持整体上的协调,以促进景观的功能完善为前提。在此基础上,可用创造性表现手法丰富公共设施和艺术品的外观,满足人们求新求变的天性。

第三节 人文景观要素

"人文"涵盖了文化、艺术、历史、社会等诸多方面。城市是人类文化的产物,也是区域文化集中的代表,城市景观恰恰就是反映城市文化的一个最好的载体,人文景观源于文化,具有深厚的文化内涵和广泛的文化意境,置身其中,我们即可感受到浓浓的文化气息和强烈的文化意味。以下从人本主义、历史文脉、地域特色三个方面进行分析。

一、人本主义

在城市景观设计中,要坚持"以人为本"的原则。它体现了充分尊重人性,肯定人的行为以及精神需求,因为人是城市景观的主体,人的基本价值需要被保护和遵从。作为人类精神活动的重要组成部分,城市景观设计透过其物质形式展示设计师、委托方以及使用者的价值观念、意识形态以及美学思想等,首先要体现其使用功能,即城市景观设计要满足人们交流、运动、休憩等各方面的要求;同时,随着经济的进步,人们对于城市景观的要求超出了其本身的物质功能,要求城市景观设计能贯穿历史、体现

第三章 城市景观设计的构成要素

时代文化、具备较高的审美价值,成为精神产品,"以人为本"就是要满足人对城市景观物质和精神两方面的需求。

人本设计要素在城市景观设计中的实现需要景观满足人的生理与心理的双重要求,即实现城市景观的使用功能和精神功能。实现其使用功能应满足以下几个方面原则。

(一)舒适性

现代城市居民对于休闲的要求更为迫切,对城市景观相关设施的使用频率也相应增加,它的舒适性可提高居民休闲、游憩等质量。此外,舒适性还表现在无障碍设施的应用上,其设计细节应符合残障人士的实际需求,让残障人士也体会到置身于城市景观之中的便捷与乐趣。

(二)可识别性

一个以人为本的城市景观应该是一个特色鲜明,容易被识别的环境。丰富的视觉效果不仅愉悦了使用者,同时也丰富了整个城市景观空间的层次。

(三)可选择性与可参与性

城市景观设计应当突出可参与性吸引使用人群,同时也应当给他们提供多种选择的机会,这样才能提高他们的使用情绪。

(四)便利性

现代社会是一个讲求效率的社会,人们在城市景观中休闲娱乐的同时,也同样渴望得到便利的服务,使用到便利的设施。

二、历史文脉

在城市景观设计中的历史文脉,应更多地理解为它是在文化上的传承关系。是具有重要的艺术价值、历史价值的事物,经常能在一定时期重回历史舞台,对社会的进步和发展起到了积极的作用。

历史文脉的构成是多方面的,一般可分为偏重历史性的和偏重地域性的两种历史文脉,有时候这两种历史文脉是贯通和叠置的。设计师应该顺应这种景观发展趋势,尝试运用隐喻或象征的手法通过现代城市景观来完成对历史的追忆,丰富全球景观文化资源,从景观角度延续历史文脉。当然,选择以历史文脉要素为景观设计的动态要素不是对每个城市都适用的,有些新兴城市并没有悠久的城市历史文明,可以用当地的地域特征作为切入点,切勿盲目追随。

历史文脉要素被用来从宏观上指导城市景观设计方向的时候,其内容包括对历史遗产的保护,需要处理好以下几点。

（一）处理好人与景观的关系

历史文脉要素应用于城市景观中必定是一种特色鲜明的形式表达,因此,要保证符号的选择具有代表性,易于被广大民众所接受,不应过于晦涩难懂；转换为具体的景观形式后要保证景观的实用价值,而不要好大喜功,建一些劳民伤财、对生态景观毫无意义的形象工程。

（二）处理好继承与创新的关系

历史文脉要素的运用要结合当地的传统景观,从时代特征、风俗习惯出发。对于一些历史遗迹应当是保护、开发、利用相结合,在顺延文脉发展的同时,对于周边的景观进行创造性的改造。并逐渐将提炼的历史文脉要素语言符号应用于新景观中,实现历史文脉要素的过渡,也给广大群众接受、评价、反馈新景观的时间,促进新旧景观,乃至整个城市景观的和谐发展。总之,将历史文脉要素中最具活力的部分与现实景观相结合,可使其获得持续的生命力和永恒的价值（图 3-56）。

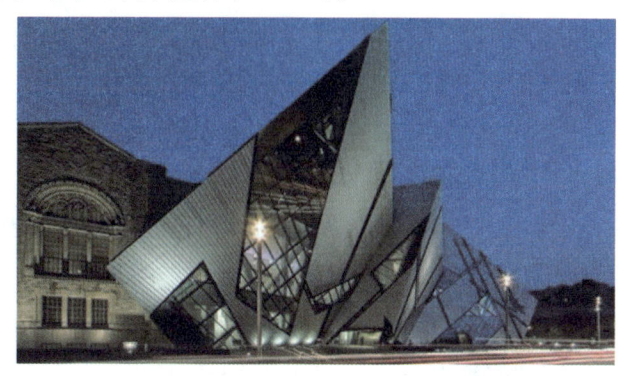

图 3-56　加拿大皇家安大略博物馆

（三）深层次发掘城市景观的文化内涵与实质

其实，许多同等级别、同等类型的城市景观，其构成物质层面的基本成分都差不多；但事实上，这些景观最终呈现出来的效果却优劣参差。所以说，设计是可以替代的，但历史文脉要素却永远不可替代、不会消失，并且对其挖掘的深入程度，影响了整个景观设计的内涵和历史地位。同时，还应适当结合最新的文明成果，把新技术、信息手段应用到诠释景观和重塑历史的过程中。人们活在当下，但终将成为明天的历史，设计师尤其应当挑起重担，力求使得设计的景观作品在发挥其应有功能的同时，发展和延续城市的历史文脉。

三、地域特色

地域特色是一个地区或地方特有的风土个性，是隶属于当地最本质的特色，它是一个地区真正区别于其他地区的特性。所谓地域特色，就是指一个地区自然景观与历史文脉的综合，包括它的气候条件、地形地貌、水文地质、动物资源以及历史、文化资源和人们的各种活动、行为方式等，城市景观从来都不是孤立存在的，始终是与其周围区域的发展演变相联系的，具有地域基础特征。

地域特征与历史文脉两个要素是互为关联的,由于前一小节已经重点讨论了城市景观的历史文脉要素,因此本小节的地域特征要素主要侧重在自然景观层面的表述。

恰当地将植物景观设计与地形、水系相结合,能够共同体现当地的地域性自然景观和人文景观特征。例如,利用植物的类型或地形的特点反映地域特征,使人们看到这些自然景观就能够联想到其独特的地域背景,如山东菏泽引用"牡丹之乡"来指导城市意向,牡丹已经成为这个城市的一种象征,人们看到其景自然会想到这一城市的环境特征;又如提到"山城",人们自然会联想到重庆地形起伏有致的城市景观特点(图3-57)。正如每一寸土地都是大地的一个片段,每一个景观单元也应该是反映整体性地域景观的片段,并且在城市历史文化发展中得到历史的筛选和沉淀。

图3-57　山城重庆吊脚楼

地域特色除了环境的自然演变、植物与生境的相互作用,人类的活动也影响着环境演变发展的方向。我国诸多的历史文化名城,都是先人们结合自然环境创造的优美景观典范。我国有干旱地区创造的沙漠绿洲,有河道成网的水乡,有山地城镇,有景观村落,有风景如画的自然景观和丰富的人文景观相融合的田园诗般的园林城市。这些都是在水土气候环境能被人所接受、在自然山水与人和谐相处以及均衡的传统哲学理念指引下,通过人力改变或改造后产生的与地域背景相结合的产物。

第三章 城市景观设计的构成要素

综上所述,城市景观中诸事物的特点是在不断变化的,这就决定了城市景观设计首先要以动态的观点和方法去研究,要将城市景观现象作为历史发展的结果和未来发展的起点。城市景观设计不应只着眼于眼前的景象,还应着眼于它连续性的变化。因此,应使整个设计过程具有一定的弹性和自由度。城市景观设计的动态发展,还有另一层面的意义,即可持续发展的意义。城市景观设计与其他设计相比,其本身供一代人或几代人使用,只有把握其动态要素,才能使城市景观设计更有意义。

第四章　城市景观设计的形式美法则

城市景观的构成元素多种多样,各种元素相互组合构成形式优美的城市景观。各元素的组合遵循一定的规律和原则,构成协调统一的景观环境。本章将对城市景观设计的形式美法则展开论述。

第一节　多样与统一

多样与统一是建筑空间环境构成中最基本的形式美法则,不论其形式有多大的变化和差异,都应遵循这个法则。统一的手法就是在景观环境中寻找各要素的共性,如风格、形状、色彩、材料和质感等,这些方面的协调统一通过对景观组成要素的色彩、形体等设计予以实现。在这几个要素统一协调的基础上,根据景观环境表达的重点进一步设计,表现景观特点,丰富景观空间的层次和内涵。

在城市景观设计过程中,首先要取得整体环境和风格的统一。一个景观空间要根据其场地、周边环境,景观的功能、性质、目的和服务群体等这几个因素确定好主题,表现出整体格调。再将这一格调贯穿于整个景观环境的各部分组成要素中,完成风格的统一。接下来,对各组成要素进行设计,达到每一要素既有独特的个性,又能相互之间和谐地统一,创造协调的景观环境。变化又有秩序是景观造型艺术的重点,避免只注重多样性而呈现的杂乱无章,也避免只求统一性而呈现的单调呆板,在设计过程中

第四章 城市景观设计的形式美法则

要协调两者之间的关系,营造具有美感的视觉环境。

多样与统一的设计法则是营造协调的景观环境,各元素既有独自的特色又相互关联。例如,墨西哥市五彩的左卡洛广场的主题为休闲娱乐,设计时就采用了充满活力的明亮色彩和圆润的几何形状,其他的构成元素也是以整体的色彩和形状为主,稍做变化,统一于整体的环境中,使得设计显得协调统一(图4-1)。

图4-1 墨西哥市五彩的左卡洛广场

第二节 主从与重点

事物都有主次与重点之分,表现主与从的关系。如植物的花与叶、干与枝等,主从结合共同构成一个完整的统一体。那么,在进行城市景观设计时就要合理安排好各个景观要素的主从关系,哪一要素是占主体地位,哪一要素是起从属作用,凸显出景观的重点和主题。如果各要素都均衡分布,那么整个景观环境就会失去特色,内容单调、乏味无奇。

根据人的视觉特性,景观的中心位置会产生强烈的视觉冲击力和吸引力。在城市景观设计中应留有视线停留点、处理好景观小品的从属关系,使得景观空间有观赏的重点,彰显景观空间的主题。

一、主与从

主从关系主要体现在景观元素的位置不同、造型差异、所占比重大小等方面,在处理两者关系时要相互呼应,通过这样的方式产生联系,保证景观空间的有机协调性。从布局位置上显出差异,凸显重点。

通常采用对称的构图形式,主体位于中央,附属位于主体周边呈对称形式,陪衬以突出主体(图4-2)。左右对称的构成形式多用于严肃、庄重的景观环境中,如纪念性园林、政治性景观空间等。

图4-2 园林效果图

二、重点和一般

城市景观环境中的重点元素是相对一般元素来说的,重点与一般结合构成统一的空间环境。重点元素要处于重要的位置,比如景观空间的中心,一定是视觉停留点,有着吸引视线的作用(图4-3),在对它的处理上要刻画细节,再用一般元素进行点缀和陪衬以突出重点。

第四章　城市景观设计的形式美法则

图 4-3　重点和一般的运用

第三节　对称与均衡

对称与均衡是人们经过长期的实践经验从大自然中总结得出的形式美法则,在自然界中的很多事物都体现着对称和均衡,比如人体本身就是一个对称体,一些植物的花叶也是对称均衡的。这种对称均衡的事物给人以美感,因此,人们就把这种审美要求运用到各种创造性活动中。

德国哲学家黑格尔曾说过,要达到平衡与对称,就必须把事物的大小、地位、形状、色彩以及音调等方面的差异以一个统一的方式结合起来,只有按照这样的方式把这些因素不一样的特性统一到一起才能产生平衡和对称。

一、对称

对称是指一条对称轴位于景观空间的中心位置,或者是两条对称轴线相交于景观空间的中心点,把景观分割成完全对称的两个部分或者四个部分,每部分视觉感均衡,给人安定和静态的感觉。对称给人稳定、庄重、严谨和大方的感觉,如中国的故宫(图4-4),以一条轴线为主,两边呈对称形式,彰显了皇权的威严和至高无上。在现在城市景观设计中,对称多体现在景观植物、水体的设计上,但要灵活、适当运用对称这一形式美技法,否则过于严谨的对称会使设计出来的景观呈现出笨拙和呆板的感觉。

图 4-4　故宫

二、均衡

均衡是指事物两边在形式上相异而在量感上相同的形式。均衡的形式既变化多样,又强化了整体的统一性,带给人一种轻松、愉悦、自由、活泼的感觉,通常在景观小品的设计中最为常见。在城市景观环境设计中,为了使景观小品造型上达到均衡,就需要对其构图、体量、色彩、质感等要素进行恰当的处理。其中,构图、空间体量、色彩搭配、材质等组合是相对稳定的静态平衡关系;光影、风、温度、天气随时间变化而变化,体现出一种动态的均衡关系。

(一)静态均衡

静态均衡包括对称均衡和非对称均衡两种。在城市景观设计中,常运用对称均衡来突出轴线,凸显景观设计的中心(图4-5)。非对称均衡的景观要素相对要灵活和自由一些,通过视觉感受来体现,给人轻松、活泼和优美的感觉,现代的景观空间设计中,多采用非对称均衡的设计手法(图 4-6)。

第四章　城市景观设计的形式美法则

图 4-5　对称均衡

图 4-6　非对称均衡

（二）动态均衡

动态均衡是通过持续的运动得以实现的，如行驶中的自行车、旋转的陀螺和转动的风车等，都是在运动的状况下达到平衡的。人们在欣赏景观时通常有两种方式，静态欣赏和动态欣赏。尤其是欣赏园林景观时，以动态欣赏为主，中国古典园林所展现的步移景异的造园思想就是运用了动态均衡的方式来造景的。在现代景观设计中，要把握好静态均衡和动态均衡，在持续的景观观赏过程中实现景观的动态平衡变化。

第四节　节奏与韵律

节奏与韵律又合称为节奏感。生活中的很多事物和现象都是具有节奏和韵律感的，它们有秩序的变化激发了美感的表达。韵律美的特征包括重复性、条理性和连续性，如音乐和诗歌就有着强烈的韵律和节奏感。韵律的基础是节奏，节奏的基础是排列，也可以说节奏是韵律的单纯化，韵律是节奏的深化和提升。排列整齐的事物具有节奏感，强烈的节奏感又产生了韵律美。

在城市景观设计中，多采用点、线、面、体、色彩和质感来表现韵律和节奏，来展现景观的秩序美和动态美。尤其在景观的竖向空间设计中，可以体现丰富的韵律和节奏变化，给形体建立了一定的秩序感，使得景观空间变得生动、活泼、丰富和有层次感。

一、节奏

节奏表现为有规律的重复，如高低、长短、大小、强弱和浓淡的变化等。在城市景观设计中，常运用有规律的重复和交替来表现节奏感（图4-7）。

图4-7　节奏的体现

二、韵律

韵律是一种有规律的重复,建立在节奏的基础上。给人的感觉也是更加的生动、多变、有趣和富有情感色彩。

韵律有以下几种不同的表现形式。

(一)连续的韵律

以同一种形式组成的个体或单元重复出现的连续构图形式叫作连续韵律。各要素之间保持固定的距离,秩序性和整体感强,呈现出单纯的视觉效果(图4-8)。但是,某些简单的构成元素会略显单调和枯燥,难以吸引人的视线,如行道树的排列,路灯的布置。

图4-8 连续的韵律

(二)渐变的韵律

单个要素或者连续的要素在某一方面按照一定的规律和秩序进行变化叫作渐变韵律。是指要素在形状、大小、色彩、质感和间距上以高低、长短、宽窄、疏密的方式形成的渐变韵律。渐变的方式不同带给人们的感受不同,如间距的渐变给人生动活泼的感觉,色彩的渐变给人丰富细腻的感觉等。渐变的韵律增加了设计的动态感和生机(图4-9)。

图 4-9 渐变的韵律

（三）起伏的韵律

起伏韵律，顾名思义，营造的是犹如波浪起伏的事物形态。按照一定的规律，或减少，或增多，或升高，或下降。这种韵律有着不规则的节奏感，使整个景观空间显得更加活泼生动和富有运动感（图 4-10）。

图 4-10 起伏的韵律

（四）交替的韵律

交替韵律是指各组成因素按照一定的规律穿插、交织并反复出现的连续构图形式。在交替韵律里至少有两个组成因素进行相互制约,表现出一种有组织和有规律的变化。这种韵律形式通常出现在景观构图中,丰富了设计的层次感,适合用于表现热烈、活泼、生动的具有秩序感的设计。例如,花池中用不同颜色的花朵交替组合形成的韵律,不同颜色的铺地交替出现形成的韵律等(图 4-11)。

图 4-11　交替韵律

第五节　比例与尺度

在城市景观设计中,视觉审美还受景观环境的比例和尺度的影响,比例和尺度适宜则营造的景观环境就优美、大气,另观者赏心悦目。

一、比例

比例是指一个事物的整体与部分的数比关系,是一切造型艺术的重点,影响着景观空间是否和谐,是否具有美感。景观环境的美是由度量和秩序所组成的,适宜的比例可以取得良好的视觉表达效果,古希腊的毕达哥拉斯学派提出了关于比例展现美的"黄金分割"定律,探寻自然界中能够产生美的数比关系。

比例贯穿于城市景观设计的始终,是指景观的整体与部分或者各个组成部分之间的比例关系。如景观的整体功能分区,每个区域所占的比例,是否与其本身的功能相符,是否能满足景观环境的功能需求等;或景观的入口部分在整个景观面积中所占的比例。另一方面是景观组成部分之间的比例问题。一个儿童活动区域,硬质铺装面积与软质铺装面积所占的比例,植物所占的比例与整个儿童区域面积的比例等,是从景观的微观角度来考虑的比例问题(图4-12)。

图4-12　儿童活动区

二、尺度

比例是一个相对的概念,表现的是各部分之间的数量关系对比和面积之间的大小关系,不涉及各部分具体的尺寸大小。而尺度是指人的自身尺度和其他各要素尺度之间的对比关系,研究景观的构成元素带给人们的大小感觉是否适宜。在许多设计中,尺度的控制是至关重要的,与人相关的物品,都有尺度问题,如家具、工具、生活用品、建筑等,尺寸大小和形式都与人的使用息息相关。对这些物品的尺寸设计要合理,要符合人体工程学,要形成正确的尺度观念。但在景观设计中,常常使人忽略尺度的观点,原因可能是景观空间过大,或景观构成要素要考虑诸多设计因素,如环境因素、人文因素、功能因素等。

在处理景观环境的尺度关系时,可通过一些景观设施来确定景观的尺寸,如座椅、围栏等。在一些特殊主题的景观空间中,可利用超现实的尺度塑造特殊的空间效果,如纪念性空间中,用夸大尺度的形象来渲染宏伟壮观的景观氛围,让置身其中的人们感到自身的渺小,产生敬畏之情(图4-13);在儿童主题公园里,利用缩小尺度的手法营造小人国,让儿童置身微观世界,体验巨人的强大气魄(图4-14)。

图 4-13　橘子洲头毛泽东雕像

图 4-14　缩小尺寸的小人国

第六节　对比与协调

　　对比与协调可以丰富环境的视觉效果,增加城市景观元素的变化和趣味,避免了景观空间的单调和呆板。在一个整体的景观环境中,对比与协调作为一种艺术的处理手法融入景观各组成要素之间。对比是针对各要素的特性而言的,对比就是变化和区别,突出某一要素的特征并加以强化来吸引人们的视线。但对比的运用要恰当,采用过多会导致空间显得杂乱无章,也会使人们情绪过于异常,如激动、兴奋、惊奇等,易产生视觉疲劳感。协调是强调整个景观环境之间或者各构成要素之间的统一协调性,协调的景观环境给人稳定、安静感。但如果过于追求协调则可能使景观环境显得呆板。因此,在城市景观设计中,处理好这两者之间的关系是营造成功的景观环境的重要因素。

在城市景观设计中,要根据景观环境的使用功能和服务人群来决定对比和协调所占比例的大小。例如,在以休息和休闲为主的小区环境中多采用协调的设计手法,打造安静、平和、稳定的空间环境(图4-15);在以娱乐为主的广场空间,多采用对比的设计手法,给人强烈的视觉感受;从服务人群来讲,老年人使用的景观空间采用协调的设计因素,儿童使用空间采用对比的设计因素,满足使用者的生理和心理需求。

图4-15 协调的设计手法

一、对比

对比是指景观构成要素之间有着显著的差异,对比存在于很多方面,如材质、色彩、大小、方向、表现手法、虚实、强弱和几何形对比等。材质对比是指材料本身的色彩、纹理、光泽和质感的对比,用于营造不同的景观效果(图4-16)。色彩对比就是色彩三元素的对比,色相、明度和饱和度以及冷暖的对比,主要表现为补色及原色对比(图4-17)。大小对比常用于景观小品的造型中,用体量的大小相互对比以突出景观主题和情调重点。方向对比用于表现事物的朝向问题,如景观小品造型的垂直走向、水平走向或倾斜走向等。不同的方向对比可使小品造型产生一种动感或均衡感。表现手法对比是指景观形体的大小、方圆、高低及粗细对比,还有物品材料的软硬对比等。虚实对比是对景观功能和主题表现手法来说的,营造景观的过程中要注重虚实的结合,丰富景观空间的层次感。

图 4-16　木板与大理石的材质对比

图 4-17　色彩对比

二、协调

自然界是一个协调统一体,景观自然也不例外。在进行景观设计时,要遵循"整体协调、局部对比"的原则,就是指景观环境的整体布局要协调一致,局部空间或者各要素之间有一定的过渡和对比(图4-18)。既保证景观环境的完整统一性,又增加景观的趣味性。

图4-18 景观的协调

第五章　城市景观的设计实施

在城市景观设计过程中,需要综合考量、协调并解决需求性、功能性、技术性、生态性、艺术性等问题。设计是逐渐深入、不断完善的过程。本章将对城市景观设计的原则、城市景观设计的程序与步骤,以及城市景观设计的方法进行论述。

第一节　城市景观设计的原则

一、功能性原则

设计者在进行城市景观设计时需要考虑到广大人民群众的审美要求、功能要求以及活动规律等各方面的有关内容,创造出一个景色优美、环境卫生、情趣盎然、舒适方便的城市空间,充分满足人们在生活、游玩、休息以及健身娱乐活动等多方面的需要。在进行城市景观设计时,不同功能区的选用也有不同的设计手法。以公园为例,对于儿童的活动区,要求交通相对便捷,所以,通常是靠近主要的出入口处进行设置;还应该结合儿童的生理和心理特点,对该区的公园建筑造型设计需要做到新颖别致,色彩鲜艳,空间也需要保持开朗,形成一派生机勃勃、充满活力、欢快的景观氛围(图5-1)。

图 5-1　上海迪士尼公园

二、统一与协调性原则

（一）统一性原则

统一性就是使单体具有整体的共性，把不同景观元素组合成有序的主题。创造统一性的方法包括对线条、形状、材料或颜色的重复，通过聚合能产生一定的统一性，但重复和聚合需要一定的技巧，完全相同的大面积重复会带来乏味感，但无序的重复又会使空间杂乱无章，这就需要在满足统一性的前提下，适当变换重复的内容，组织有序的聚合（图 5-2）。

图 5-2　城市景观的统一性

（二）协调性原则

协调性就是我们加入的设计元素与其所在的周围环境保持一致的一种状态。与统一性所不同的是，协调性是针对各元素之间的关系而不是就整个画面而言的。达到协调性的关键在于保持空间过渡的流畅性、协调不同元素之间的缓冲区域。协调的布局应在视觉上给人以舒适感，避免产生紧张感和冲突感(图5-3)。

图 5-3　各元素之间保持着一定的协调

三、相地合宜原则

在进行城市绿地景观设计时，需要结合不同的场地、自然条件以及周围景观的文化特性，把原有的景观素充分利用起来，并使它们能够发挥新的实用和审美功能，做到因地制宜地进行创新设计，避免出现雷同单一的景观造型(图5-4)。如在北方，设计时需要考虑北方的地形、文化、经济等方面的条件如大平原、皇权集中地、少雨等，从而设计出符合北方环境的景观。而在南方，主要是多雨、山地丘陵分布、河流纵横，所以可以借助这些自然景物进行设计。

图 5-4 城市绿地景观设计效果图

四、生态化原则

在进行城市景观绿地的设计过程中,要以生态化为设计原则。以公园为例,生态化公园需要充分发挥出城市绿地天然氧吧、空调器、隔音板的有关作用,在设计过程中需要做到顺应自然,坚持以当地的植物为主,充分有效地利用植物所具备的生物学特征,使其可以在空气净化、气候调节、降低噪音、水土保持等多个方面发挥出重要的作用,不断对生态环境条件进行改造(图5-5)。

图 5-5 北京三里河湿地生态公园

五、以人为本的原则

世界人本主义心理学的重要奠基人马斯洛曾经说过:科学

一定要将注意力投射到"对理想的、真正的人,对完美的或永恒的人的关心上来。"所以,所谓的人性化空间设计,也需要满足人的舒适、亲切、愉悦、安全等方面体验,并提供轻松的感觉空间。创造出人性化的空间主要包含两个方面的内容:首先是设计者能够充分利用设计的有关要素构筑空间;其次,在涉及人的维度时,主要是设计者在构筑有关空间的基础上也赋予空间一定的意义,从而能够尽可能地满足人们不同需求的过程。在进行园林绿地的规划设计时,应该做到以人为本,为人们提供一个轻松、愉悦的休憩空间,进而充分满足不同的使用者的基本需要,从而关照普通人的空间体验,摒弃过去的一些带有纪念性、非人性化的视觉展示和追求。

六、美学原则

城市绿地的景观空间通常都是由多个景观要素组成的综合体,其景观空间的构成要素主要包括地形、植物、构筑物、小品,等等,这些构成要素之间也会呈现出色彩和色彩、造型和造型、质感和质感以及色彩、造型、质感之间相互错综复杂的关系。为了能够尽可能地妥善处理他们之间的关系,使景观被大众所普遍接受,设计人员就需要遵循一定的形式规律对其加以构思、设计,并从而完成实施、建造。城市绿地景观的设计需要融入现代化的科学艺术,和现代的科学、环境、装饰、多媒体等艺术形式结合在一起,以便于绿地能够表现出十分鲜明的时代性与艺术性特征,从而创造出一个具有合理使用功能、高质量的绿化景观。

第二节 城市景观设计的程序与步骤

城市景观设计从对场地的综合考查入手,进行物质和非物质因素等多方面的系统分析,从全局观出发,明确设计意象,结合各项因素进行深化,并严格按照国家设计规范进行设计和施工方案的表现。

一、资料收集阶段

(一)收集资料

在接受任务后,设计师在进行设计之前,应与投资方进行初步的沟通,明确设计需求和意象,估算设计费用,明确设计任务,提出地段测量和工程勘察的要求,并落实设计和建设条件、施工技术、材料、装备等,综合研究以形成城市景观设计的初步形式,这有助于未来设计、管理、施工的工作效率,将商讨结果以合约的形式落实在书面上,避免日后发生纠纷。前期资料收集如下:

(1)甲方设计人员的背景资料:主要负责人资料、主管部门资料、主管领导资料等。

(2)甲方项目要求:定位与目标、投资额度、项目时间要求等。

(3)同类项目资料:国内外同类项目对比分析、可借鉴之处等。

(4)项目背景资料:所在地理与周边环境、项目自身建设条件(规划、交通、建筑等)、项目所在地的地域历史与文化特征等。

按照设计任务书上的要求,明确所要解决的问题和目标,包括城市景观设计的艺术风格、功能要求、使用性质、规模、造价、等级标准、时间期限等内容。这些内容往往是设计的基本依据,清晰明确的设计目标有助于理想景观设计意向的形成。

(二)场地勘察

接下来对基地进行实地测绘、踏勘,收集和调查有关资料,为下一步进行设计分析提供细致可靠的依据。基地现状调查内容包括以下几个方面。

第五章　城市景观的设计实施

1. 场地位置和周边环境的关系

（1）识别场地现状和周边的土地使用。相邻土地的使用情况和类型；相邻的道路和街道名称，其交通量如何、何时高峰，街道产生多少噪声。

（2）识别邻里特征。建筑物的年代、样式及高度；植物的生长发育情况；相邻环境的特点与感觉；相邻环境的构造和质地。

（3）识别重要功能区的位置。学校、警察局、消防站、教堂、商业中心和商业网点、公园和其他娱乐中心。

（4）识别交通形态。道路的类型、体系和使用量；交通量是否每日或随季节改变；到场地的主要交通方式；附近公共汽车路线位置和时刻表；有无人群集散地。

（5）相邻区的区分和建筑规范。允许的土地利用和建筑形式；建筑的高度和宽度的限制；建筑红线的要求；道路宽度的要求；允许的建筑。

2. 地形

（1）坡度分析。标出供建筑所用的不同坡度；用地必须因地制宜，适宜场地中的不同坡度。

（2）主要地形地貌。凸状地形、凹状地形、山脊、山谷。

（3）冲刷区（坡度太陡）和表面易积水区（坡度太缓）。

（4）建筑内外高差。

（5）台阶和挡土墙。

3. 水文和排水

（1）每一汇水区域与分水线。检查现在建筑各排水点；标出建筑排水口的流水方向。

（2）标出主要水体的表面高程、检查水质。

（3）标出河流、湖泊的季节变化。洪水和最高水位；检查冲刷区域。

（4）标出静止水的区域和潮湿区域。

（5）地下水情况。水位与季节的变化、含水量和再分配区域。

（6）场地的排水。是否附近的径流流向场地。若是，在什么时候、多少量；场地的水需要多少时间可排出。

4. 土壤

（1）土壤类型。确定酸性土还是碱性土；确定沙土还是黏土；确定肥力。

（2）表层土壤深度。

（3）母土壤深度。

（4）土壤渗水率。

（5）不同土壤对建筑物的限制。

5. 植被

（1）植物现状位置。

（2）对大面积的场地应标出。不同植物类型的分布带；树林的密度；树林的高度和树龄。

（3）对较小的园址应标出。植物种类、大小、外形、色彩和季相变化、质地、任何独特的外形或特色。

（4）标明所有现有植物的条件、价值和建设单位的意见。

（5）现有植物对发展的限制因素。

6. 小气候

（1）全年季节变化，日出及日落的太阳方位。

（2）全年不同季节、不同时间的太阳高度。

（3）夏季和冬天阳光照射最多的方位区。

（4）夏天午后太阳暴晒区。

（5）夏季和冬季遮阴最多区域。

（6）全年季风方位。

（7）夏季微风吹拂区和避风区。

（8）冬季冷风吹拂区和避风区。

（9）年和日的温差范围。

(10)冷空气侵袭区域。

(11)最大和最小降雨量。

(12)冰冻线深度。

7. 建筑现状

城市中的建筑和城市中的景观空间是相辅相成、互为依托的,城市空间通过建筑来界定,建筑通过城市空间连接。可以说,任何建筑都根植于其自身特定的环境、场景,因此而生、随此而长,所以好的建筑应该体现环境的特质,并促进城市环境的互融共生。对建筑的勘察需要考虑以下几个方面。

(1)建筑形式。

(2)建筑物的高度。

(3)建筑立面材料。

(4)门窗的位置。

(5)对小面积场地上的建筑有以下要标明。室内的房间位置;如何使用和何时使用,何种房间使用率更高;地下室窗户的位置;门窗的底部和顶部离地面多高;室外下水、水龙头、室外电源插头;室外建筑上附属的电灯、电表、煤气表;由室内看室外的景观如何。

8. 其他构造物

(1)墙、围栏、平台、游泳池、道路的材料、状况和位置。

(2)标出地面上的三维空间要素。

9. 基础设施

(1)水管、煤气管、电缆、电话线、雨水管、化粪池、过滤池等在地上的高度和地下的深度;与市政管线的联系;电话及变压器的位置。

(2)空调机或暖气泵的高度和位置、检查空气流通方向。

(3)水池设备和管网的位置。

(4)照明位置和电缆设置。

(5)灌溉系统位置。

10. 视线

（1）由场地每个角度所观赏到的景物。

（2）了解和标出由室内向外看到的景观、思考在设计中如何加以处理。

（3）由场地内、外看到的内容：由场地外不同方位看场地内的景观；由街道上看场地；何处是场地最佳景观；何处是场地最差景观。

11. 空间和感受

（1）标出现有的室外空间：何处为"墙"（绿篱、墙体、植物群、山坡等）；何处是树荫。

（2）标出这些空间的感受和特色：开敞、封闭、欢乐、忧郁。

（3）标出特殊的或扰人的噪声及其位置：交通噪声、水流声。

（4）标出特殊的或扰人的气味及位置。

12. 场地功能

（1）标出场地怎样使用（做什么、在何处、何时用、怎样用）。

（2）标出以下因素的位置、时间和频率：建设单位进出路线和时间；办公和休息时间；工作和养护；停车场；垃圾场；服务人员。

（3）标出维护、管理的地方。

（4）标出需特别处理的位置和区域；沿散步道或车行道与草坪边缘的处理；儿童玩耍破坏的草坪。

（5）标出达到场地时的感觉如何。

除此之外，还应反复研读委托任务书，查阅相关条件、资料以及法律法规等内容，对项目的可行性进行评估。

（三）对人文背景与自然生态的分析

1. 对人文背景的分析

分析人文背景主要分析城市所在地域范围内，人们在精神需求方面的调查和分析(喜好、追求、信仰等),以及社会文化分析(道德、法律、教育、信仰、宗教、艺术、民俗等)、历史背景的分析。以此作为景观设计人文思想塑造的基础。

例如图5-6所示为中国长沙橘子洲场地现状图,该图由北京土人景观绘制。

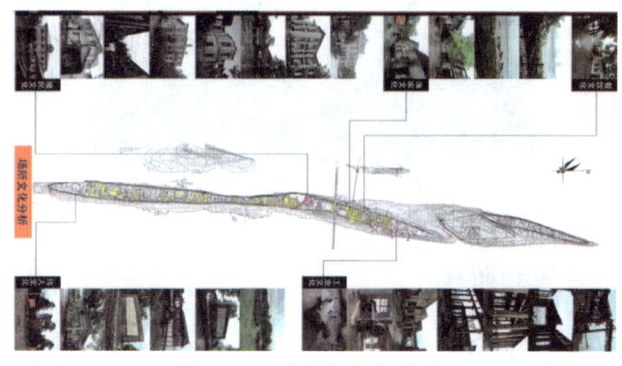

图5-6 长沙文化分析

2. 对自然生态的分析

对自然生态的分析包括自然环境系统、生态分布、生物适应性等方面的分析。目的是为营造生态、环保的城市环境,维护生态平衡和环境的可持续发展等方面提供设计依据。图5-7所示为美国纽约的中央公园(1857—1873),早由威廉·卡伦·布赖恩特等人倡导为城市开发公共用地,后由新兴景观设计师沃克斯和奥姆斯特德设计,在纽约曼哈顿中央建成了庞大的城市公园。公园内的杰奎琳·肯尼迪·欧纳西斯水库是公园内最大的独立景观,同时它也将公园分隔成两大部分。该公园被构想为一处能够为城市居民提供有益健康的新鲜空气、自然和活动的场所。如今,这座占地321hm^{2}的公园仍然是曼哈顿市中心重要的开放空间,它在密集的城市环境中提高了居民的生活质量。

总之,设计师要结合业主提供的基地现状图(又称"红线图"),对基地进行总体了解,对较大的影响因素做到心中有底,今后做总体构思时,针对不利因素加以克服和避让,充分合理地利用有利因素。此外,还要在总体和一些特殊的基地地块内进行摄影,将实地现状的情况带回去,以便加深对基地的感性认识。

图 5-7　美国纽约的中央公园

二、项目策划阶段

基地现场收集资料后,必须立即进行整理、归纳,以防遗忘那些较细小的却有较大影响因素的环节。通过对城市景观设计所属地区的综合考察,通过现场测绘、踏勘等方式进行基地资料的收集和整理,对其性质和可行性做出进一步分析,通过预测制定完成标准和时间表,对资金预算进行平衡,形成明确的设计定位,并确定设计方案的总体基调,把信息数据转化为可供设计参考的策划资料。而在这一过程中,理性而抽象的思维是工作的关键,表达则需要尽量完整、系统、清晰、简明。

三、设计方案构思

方案构思是对场地整体有所规划和布置,保证设计的功能性、合理性、美观性。综合考虑各个方面因素的影响,创造性地提出一些方案构思和设想。设计是不断反复地"分析研究—构思设计—分析选择—再构思设计",即推敲、修改、发展、完善的过程。[1]

---

[1] 在着手进行总体规划构思之前,必须认真阅读业主提供的"设计任务书"(或"招标文件")。在进行总体规划构思时,要将业主提出的项目总体定位做一个构想,并与抽象的文化内涵以及深层的警世寓意相结合,同时必须考虑将设计任务书中的规划内容融合到有形的规划构图中去。

方案构思图是由场地功能关系图直接演变而成的。构思图的图面表现和内容都较详细。构思图将场地功能关系图所组合的区域分得更细,并明确它的使用和内容。构思图也要注意到高差的变化,然而并不涉及此区域的造型和形式的研究。构思图可以套在场地功能关系图上进行,以便于将前阶段形成的想法、位置和尺寸深入考虑。设计构思图考虑得越深入,后面的步骤就越容易。

四、形式组合

（一）初步设计

初步设计是将所有的设计素材,以正式的或者半正式的制图方式将其正确地布置在图纸上。全部的设计素材一次或多次地被作为整个环境的有机组成部分来考虑研究,这个步骤考虑如下问题。

（1）全部设计素材所使用的材料（木材、砖、石材等）和造型。

（2）植物材料的尺寸、形状、颜色和质地。在这一步,画出植物的具体表现符号,如观赏树、低矮常绿灌木、高落叶灌木等。

（3）设计的三维空间的质量和效果:包括每种元素的位置和高度,例如树冠、凉棚、绿廊、树篱、墙及土山。

（4）主要的高差变化:初步设计最好是在造型研究的基础上发展、深入、完善。将草图纸覆盖在造型图上,做出各式不同类型的草图。直到做出设计者觉得满意的方案为止。可能先前的概念和造型在此有很大的改变,因为设计师在推敲设计内容时,对比较特殊的因素可能产生一些新的构思,或受到另外一些设计因素的影响或制约,所以要反回去修改原来的图纸。

（二）方案草图设计

有些设计过程中包含方案草图设计。对于小尺度的设计,方案草图设计和总平面同时进行。但是,对于包含多种土地利用的数公顷的大尺度设计工程,需要更为细致的方案草图设计。

（三）总体平面图

在初步设计图向建设单位汇报后,设计师根据建设单位的意见,重新对设计做了修改后,在原图上做出修改后的图。总平面是初步设计的细化。初步设计通常用随意的线条勾画,而总平面的图纸更为严谨和精细。总平面图的一些建筑线、产权线和硬质结构因素（如墙、平台、步行道等）的边缘线是利用丁字尺、三角板等绘图工具绘制而成。

（四）其他配套图

在完成总平面图之后,还有相应的配套图纸要求,如种植设计图、竖向设计图、道路交通图、小品设施图,以及相应的剖面图和透视图等来更好地诠释设计。

（五）局部设计

一些设计要求做深入的局部设计。对于一些较小的场地,如建筑或一个小型公园,总体图和局部图用一张图就行了。然而一些设计内容包含了对土地使用的多重性,可以局部放大,便于研究各个细节问题。

（六）技术设计图

这个步骤主要考虑细节表现和材质的整合。例如铺装形态、墙体和树篱的表现形式、出入口设计等。技术设计图给了设计师和建设单位一个清楚详细的设计状况,特别是在有争议的地方：技术设计图只联系了设计的观赏特性和比例尺度,而不考虑详细技术和结构。

五、方案比较与方案汇报

（一）方案比较

在多数情况下，针对一个项目设计组可能设计两个或者更多的设计方案进行比较和分析。每一个方案都有其优点和缺点，通过分析之后，可能选择某一方案进行下一步的结构设计和施工；也可能结合两个或者多个方案的优点成为一个设计来进行接下来的工作。方案的比选能够帮助设计者和建设单位找到方案的优点和不足，及时进行改善和提高，以避免一些错误的发生。此外，还能保证设计方案的品质。

在方案设计的前期，通常设计师还会进行一些类似案例的研究，来获取关于类似项目的设计信息，从而使设计方案在前人的基础上更有进步和提高。在进行案例研究分析的时候，首先要注重案例的典型性。尤其当类似案例很多的情况下，选择典型的案例更能清楚地说明这类项目的问题所在。此外，应尽量选择近年完成的案例。由于社会的发展和进步，尤其是新技术和新材料的产生，很多过去的案例可能已经跟不上时代的步伐，一些设计方法也许已经不适于新时期的设计。

（二）方案汇报

（1）方案的构思。用泡泡图表划分全部区域并组织场地平面。
（2）平面的构成。通过加或减的办法，表达从概念到平面形式的落实。
（3）展示方案。通过效果图和文字解释来展示方案。
（4）向客户汇报。数据要翔实，言语要生动煽情，思路要清晰；可以采用动画或多媒体的形式先演练一遍。
（5）充分地沟通。客户的想法、设计师的理念要充分沟通协商，设计师要充分阐述现场局限与有利条件。

六、初步设计与施工图纸

完成方案设计后,设计者下一步进行初步设计及施工图设计。方案设计更多需要从视觉角度展示更多的细节及对设计概念进行论证;而初步设计通常包括总体布局设计平面、高程图、种植图、施工细节和文字说明。从尺寸上细化方案,以便为施工图做好准备。

施工图设计包括总图、定位、竖向设计、建筑小品、给排水、电器照明、建筑小品的建筑及结构施工图、绿化设计、背景音乐、卫生设施、指标牌等图纸。为避免引起歧义,设计师需要准备材料样板,如硬质材料、绿化材料、灯具样板等。

七、施工

当全部的结构图完成后,用它们进行招标。虽然过程各有不同,但承包合同一般授予承包费用较低的承包者。当工程合同签字后,承包者便对设计进行施工。工程的时间是变化的,可能为一天或数月。设计者应常到现场察看,尽管没有承包施工人员的邀请,但景观设计师应尽可能地去现场察看工程的实施情况,提出需要注意的意见。在一定条件下,施工阶段时常有问题发生,设计人员必须加以回答和解决。

在设计的实施阶段要求改变设计的某些方面这是常有的,设计师要保证工程的顺利进行,因此这些变更和改动应越快越好。

八、参与项目验收

(1)与图纸一致。检查现场与图纸是否一致,特别是硬景与软景的规格是否与设计一致,效果的好坏,是否具有安全隐患等。

(2)设计的确认。在竣工验收单上签字确认项目是否达到验收条件。

九、施工后评估与养护管理

工程完工并不意味着一个设计过程的结束。设计师通常要观察和分析这些工程来发现设计的成败和优缺点。这些观察和评价通常在施工结束后,设计师从设计建成后的使用中学习更多的知识。设计者应自问:"这个设计的造型和功能是预先所想象的吗?""此设计哪些是成功的?""还存在什么缺点和不足?""对所做的内容,下次需如何提高?"设计者从施工中学习知识是十分重要的。能把从中得到的收益带到将来的相似设计中去。避免下次重犯同样的错误。对做好的设计应有详细的评价和总结,以便在以后的设计中有所前进和提高,故评价也是设计程序的一部分。

设计程序的最后是养护管理。设计的成功不仅是图纸设计得好,施工中保质保量,而且还在于良好的养护管理。设计的全过程常常遇到两个问题:资金缺少;养护管理很差。养护管理者是最长远的、最终的设计者。因为错误线型的校正,植物的形体和尺度,有缺陷因素的矫正,一般的修剪和全部的收尾工作,都取决于养护管理人员。如果在养护管理阶段,没有对设计存在的缺陷有所认识,或没有完全理解设计意图,最终设计将不会收到最佳的效果。对于设计者,在设计的初期考虑到养护管理是十分重要的。

第三节 城市景观设计的方法

一、城市景观设计的表现技法

(一)钢笔手绘淡彩表现法

钢笔淡彩,主要是用针管笔线条加上马克笔或彩铅上色的表现形式,在城市园林景观表现图中应用广泛。主要涉及的表现形式多以一点透视、两点透视来表现,既有人视高度的透视图,也有鸟瞰图。

1. 一点透视

(1) 一点透视的特点

平视的景观空间中,方形景物的一组面与透视画面构成平行关系时的透视称为一点透视。一点透视画法简易,表现范围广,纵深感强,适合表现严肃庄重的景物空间;缺点是画面表现较呆板,距离视心较远的物体易产生变形。

(2) 一点透视网格法

对于一张设计平面图(图 5-8),在采用网格画法时,首先要在平面图上绘制相应网格(图 5-9,在平面图上划上等距方格并标顺序号),这个网格与透视图中的网格应一一对应,可以编上相应编号。由构图开始,用铅笔确定绘图空间范围,在绘图四周最边缘做记号,依据平行透视的绘图原理,定出视平线与消失点作为绘图辅助(图 5-10,利用直尺绘制一点透视网格,选择合适的图纸范围),画出几个主要线条,并确定线条的消失方向,以便找到空间透视感觉(图 5-11):在园林建筑表面主要结构或铺装转折部分的线条位置上做记号以方便接下来具体形态的绘制。同时确定出景观的大体位置。

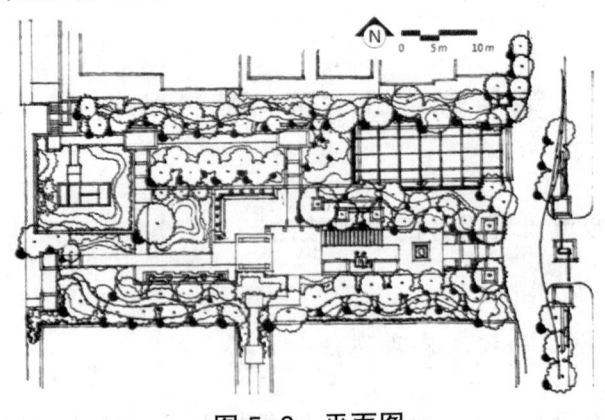

图 5-8 平面图

第五章　城市景观的设计实施

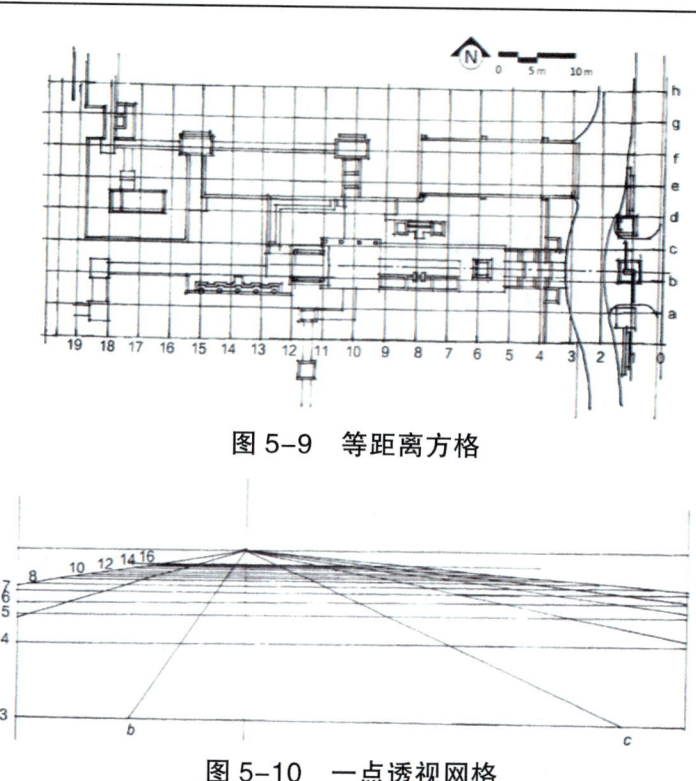

图 5-9　等距离方格

图 5-10　一点透视网格

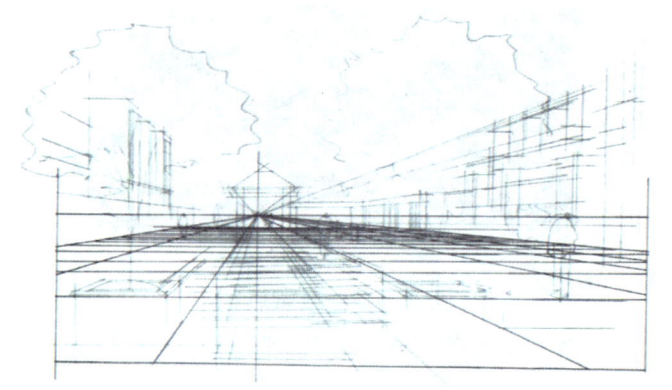

图 5-11　铅笔起稿

进一步绘制画面中主要景物的轮廓。

用钢笔或针管笔绘制出场景画面中物体的具体形态。并擦掉铅笔辅助线。

在建筑形体基本完成后,可以进行局部的细致刻画,进一步绘制建筑周围的配景,做一些装饰性的线条,以提高画面场景的

·157·

表现气氛(图 5-12)。

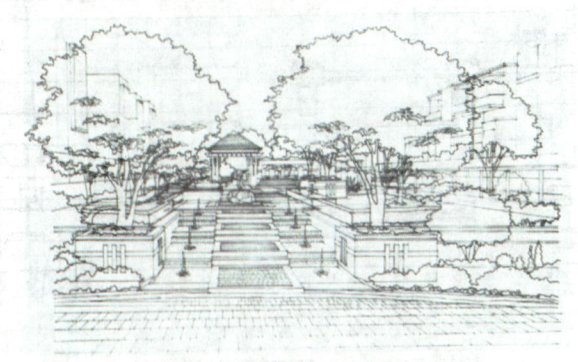

图 5-12　黑白线稿完成

（3）一点透视——马克笔上色

①确定整体画面色彩基调,从远景入手。色彩由浅入深,增加整体色彩的沉稳性。

②画大面积树的颜色,并重点刻画,注意颜色的透明性,提高整体画面的层次感(图 5-13)。

图 5-13　画重点色

③整理细部,追求质感的表现。彩色铅笔及高光笔的配合使用丰富画面的层次。大块面的地方宜始终保持简略,多强调细节部分的刻画,把握好主观的处理思路,保持画面的整体平衡(图 5-14)。

第五章 城市景观的设计实施

图 5-14 调整整体效果，重点突出

2. 两点透视

（1）两点透视的特征

平视的景物空间中，方形景物的两组立面与透视画面构成成角关系时，所形成的透视状态称为两点透视，又称成角透视。两点透视图画面效果较活泼自由，所反映的空间较接近人的真实感受。缺点是画法较为复杂，角度如果选择不好则画面容易产生变形。

（2）两点透视空间的绘制

首先用铅笔辅助构图，确定绘图空间范围，并画出视平线与消失点，两点透视的消失点为视平线上左右两个点。和平行透视一样，在画面上确定体物景物的位置及线条的消失方向（图5-15）。

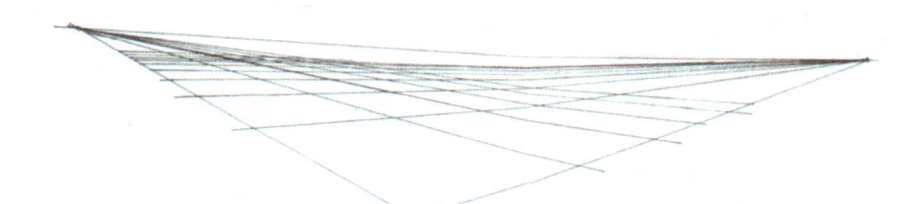

图 5-15 绘制两点透视网格

用钢笔或针管笔绘制场景物体轮廓及主要结构转折，擦去铅笔辅助线（图5-16）。

图 5-16　起稿

进一步绘制画面中主要景物的轮廓,细致刻画。整体调整画面,完善场景内容(图 5-17)。

图 5-17　两点透视完稿

(3)两点透视——马克笔

①画线稿时注意主次线条的运用。把握画面全局,注重线条在整个图面上的比例分配。

②确定整体画面色彩基调,从远景入手(图 5-18),色彩由浅入深,增加整体色彩的沉稳性。

③画大面积树的颜色,并重点刻画,注意颜色的透明性,提高整体画面的层次感。

④大面积描绘树叶的色彩,注意色彩的变化和笔触的整理,突出重点;将其他配景和细节进一步强调,调整最终的整体效果(图 5-19)。

图 5-18　由浅入深，由远及近

图 5-19　大面积描绘色彩

3. 鸟瞰图绘制

（1）鸟瞰图的特点

根据透视原理，用高视点透视法从高处某一点俯视地面起伏绘制成的立体图。它就像从高处鸟瞰制图区，比平面图更有真实感。[1]

（2）用透视网格作局部鸟瞰图

①首先根据所绘透视的范围和复杂程度决定平面图上的网格大小，并给纵横两组网格线编上编号，为了方便作图，还可以给透视网格编上相应的编号（图 5-20）。

---

[1] 视线与水平线有一俯角，图上各要素一般都根据透视投影规则来描绘，其特点为近大远小，近明远暗。如直角坐标网，东西向横线的平行间隔逐渐缩小，南北向的纵线交会于地平线上一点（灭点），网格中的水系、地貌、地物也按上述规则变化。鸟瞰图可运用各种立体表示手段，表达地理景观等内容，可根据需要选择最理想的俯视角度和适宜比例绘制。

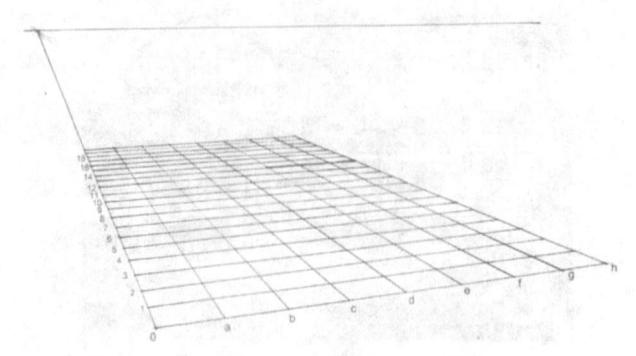

图 5-20　平面图上的网格

②利用坐标编号决定平面中道路、广场、水面、花坛等形状和数目的位置和范围,绘出景物的透视平面(图 5-21)。

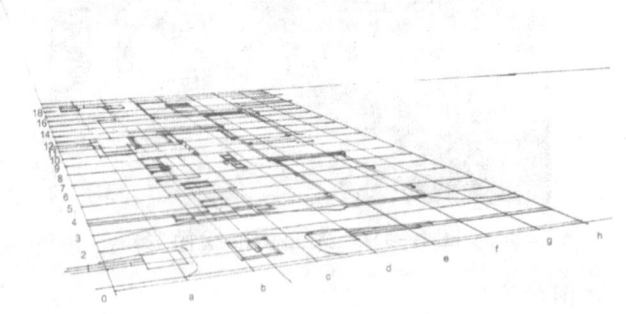

图 5-21　绘制平面

③利用真高线确定各设计要素的透视高度,借助网格透视线分别做出设计要素的透视(图 5-22)。然后擦去被挡住的部分,完成鸟瞰图(图 5-23)。

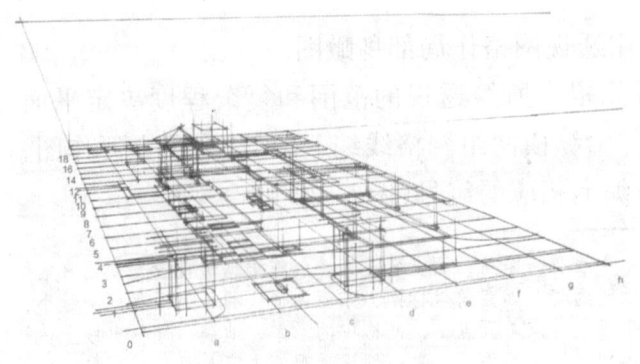

图 5-22　绘制高度

图 5-23 鸟瞰图线稿绘制完成

（3）鸟瞰图——马克笔上色

鸟瞰图与透视上色略有差别，主要是画面中可能没有天空，线稿中的树干比透视要短得多。步骤如图 5-24 至图 5-26 所示。

图 5-24 大面积上色

图 5-25 重点部分上色

图 5-26　最后总体调整色彩

（二）彩色铅笔手绘表现法

1. 彩色铅笔的使用要领

使用彩色铅笔时的用笔压力及重叠用笔，均能够影响色彩的明度与纯度。若轻压用笔就会产生浅淡的色彩，若重压用笔则色彩相对浓烈。另外，用彩色铅笔绘画时，它的笔触及排线有着自身的方法和特点。一般来说，彩色铅笔的用线应该是肯定的、排列整齐的，因为彩色铅笔不仅是用来画线的，它的主要任务应当是表现块面和各种层次的灰色调，因此需要用排线的重叠来实现层次的丰富变化。在进行排线重叠时，除了可以像钢笔排线、笔触的组织方法外，还可以像素描一样交叉重叠，但重复次数不宜过多，因为重叠过多会失去色彩的明快感。

需要注意的是，一幅画作中彩色铅笔的色彩不能用得过多，不能景物中有什么色就全部都画出来，一定要保持色调的统一明快，一般使用两三种主要色彩来表现足够了。要把彩色铅笔当作是为了表达物品的灰色面而使用的工具，切不可当作物品的固有色满涂，较亮的部分可以不涂，使其保持物品的光感和体积感，有亮光的物体要注意留白。

第五章　城市景观的设计实施

2. 基本技法

（1）彩色铅笔的颜色有限,但是其具有可覆盖性,可以运用色彩原理来叠加颜色,如蓝＋黄＝绿。因此在控制色调时,可用单色（冷色调一般用蓝颜色,暖色调一般用黄颜色）先笼统地罩一遍,然后逐层上色后细致刻画。

（2）由于彩色铅笔含蜡,如果画的遍数过多就不容易上色,此时可用小刀轻轻地刮去厚的色层。在绘制画面时,还可根据实际情况,改变彩铅的力度,以便使它的色彩明度和纯度发生变化,带出一些渐变的效果,形成多层次的表现。

（3）上色时,可以将纸放在不同材质上画出不同的肌理效果。选用纸张也会影响画面风格,在较粗糙的纸上用彩铅会有一种粗犷豪爽的感觉,而用细滑的纸会产生一种细腻柔和之美。如：表现平滑均匀,把纸放在玻璃上着色是一种极好的表现效果;在木片上着色便有木纹的肌理效果。

（4）彩铅的笔芯较软、易断,所以不宜用自动卷笔刀。最好用普通削刀将铅笔芯削尖或电砂纸磨尖。

以下对两点透视的彩色铅笔效果图进行讲解,如图 5-27 至图 5-30 所示。

图 5-27　先画远景,再由浅入深

图 5-28 再画大面积色调

图 5-29 画重点色

图 5-30 最终调整完成

二、城市景观空间设计的思维方法

对城市景观空间进入设计阶段时,首先要对场地进行概念性和功能性分析;其次是将景观设计的概念转为具体的布局形式;

最后,要通过艺术处理方法使空间布局更加完善丰富。设计阶段的思维方法要遵循景观设计实用性和艺术性相结合的原则,从城市景观空间的功能实用性出发,在此基础上,以艺术性的思维方法进行思考,运用形式美法则将城市景观空间打造成为赏心悦目的环境。综合来讲,城市景观空间的思维方法就是从方案的概念阶段到具体形式,由空间的实用功能到美学功能的演化。

(一)概念规划设计

在城市景观空间设计的概念思维阶段,需要对场地进行分析和初步的构思。画示意图时,较多使用符号和气泡图来表示空间的用途(图5-31),避免在开始阶段试图使用一些具体的形式和形象来表示空间的范围。在这个阶段,是对场地进行概念层次的组织设计,需要标明表面覆盖材料,例如硬质铺装、水面或草坪和种植区等,可不涉及设计细节,诸如质感、颜色、形式和图案等。

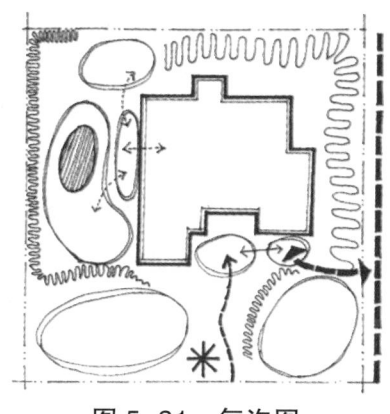

图 5-31 气泡图

1. 构思

城市景观构思追求创新,即环境要有特色和新意。创意和特色是环境景观的灵魂,赋予空间以活的灵魂,需要清楚空间的特点、性质,并明确恰当的主题,适当地赋予景观以隐喻的象征意义。在城市景观设计中要把客观存在的"境"与主观构思的"意"相结合。例如拙政园中一景,取名"与谁同坐轩",用诗句创造了与明月、清风同坐的意境。

2. 场地特质

设计一个场地,首先应了解场地的特质,所谓了解场地的特质是指在设计初始阶段应了解场地的优势和劣势以及可开发的潜能,分析和设想景观在城市人文环境和自然环境中的特点与效果,因地制宜地对其做出规划。进行城市景观设计时,场地内的现存植被原则上需要保留,在设计草图上应标注现存植被以及水流等自然景观的位置。

3. 主题特色与文化

一个城市的首要魅力是其历史、文化与特色,没有历史文化的城市就像没有灵魂的躯壳一样,没有未来;无论在任何功能空间中,任何景观都需要独有的特色。例如王府井商业街作为北京商业街的代表,需要有一个空间让它来展示其历史,体验其文化,感受其魅力。其展示内容可以是关于王府井商业街的发展历史,既可以了解历史、感悟现在,也可以对未来的王府井商业街的发展方向有所把握;也可以展示关于北京的文化、现代艺术等,让游客在游览北京时,给自己或孩子以文化历史或者艺术的熏陶。把这类空间的比重扩大,不仅是传承和诠释王府井商业街历史文脉的重要手段,也是提升王府井商业街文化魅力的有效措施。[1]

在设计任务的开始,景观可以没有主题,但对于有特殊意义和主题目标的景观要确定其主题。

在遂昌金矿遗迹的保护及矿山公园的规划和建设中,两个历史文化典故都被有效地运用到景观设计之中。文天祥在组织抗元军队时曾征召遂昌金矿矿工加入义军,"文山""正气亭""夜坐亭""夜起亭"借文天祥命名及修建。翠谷桃溪的古廊桥及刘基听泉景点也都是借历史典故而命名;景区内的上元茶楼。

---

[1] 翟艳. 王府井商业街建设的特色分析[J]. 城市规划, 2011(03).

4. 象征意义

景观可以由一种物体代表或象征,例如日本枯山水,以沙为水、石为山,象征着人在山水之间(图5-32)。

图 5-32　日本枯山水

5. 景观叙事性

景观叙事赋予空间更多的意义与内涵,可以通过景观元素的序列、空间的开合、转折来叙述故事;也可以通过雕塑和石头上的刻字来展开景观的故事性。南京大屠杀纪念馆的入口,人们从断裂的石头中穿过,象征着惨案带给人类的创伤(图5-33)。

图 5-33　南京大屠杀纪念馆的入口

(二)功能设计

空间首先应具备完善合理的功能,其次才是艺术性,没有功能性支撑的环境景观必定是不适宜的。空间的功能要根据不同使用人群和用途做详细的划分,而空间的共同设施包括景观空间的出入口、道路交通、防护围栏、景观节点、功能分区及现存物。

1. 出入口

用带有方向性和指示性的箭头来表示,区分主要的出入口和次要的出入口,以不同大小和形状的箭头分别表示出来。

2. 道路交通

城市景观空间中道路系统表示方法,用带箭头的流线来示意(图 5-34),注意区分机动车和非机动车通道的交通道路线,可用简单的细线表示人流的动向,用较粗、颜色较重的线条表示车行通道;还可用不同的线型表示不同类型的通道,如工作人员的便捷通道和游客的观赏路线。

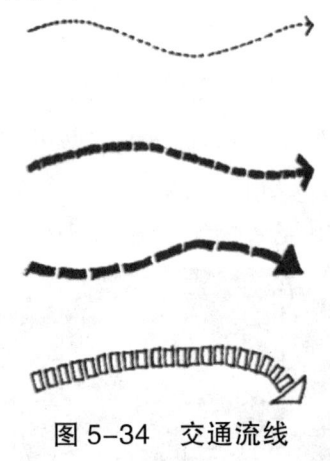

图 5-34　交通流线

3. 防护围栏

限定一个空间的边界和围栏可用竖向的短线表示垂直元素(图 5-35),如挡土墙、景墙、栅栏、堤岸等。为表示防护栏的通透性的强弱,可以通过对纵向分割线条的粗细和间距做适当调整。

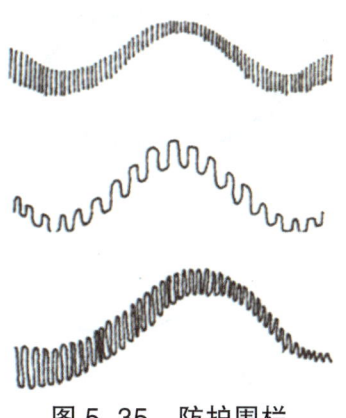

图 5-35　防护围栏

4. 景观节点

用"米"字符来表示人流活动的聚集点以及景观的节点(图5-36)。而用点划线的线型,可以表示景观轴线的位置。

图 5-36　景观节点

5. 功能分区

首先要确定空间内各个功能区的面积大小,以及功能区在景观空间的大致位置,然后用易于识别的气泡状圆圈表示出来(图5-37)。场地的功能分区可以有安静的冥思空间、游憩区、互动区、观赏区等。具体的景观分区根据特定的场地进行划分。

图 5-37　功能分区

6. 现存物

已建设好的或预留的建筑物和景观构筑物的位置、大小应提前标注出来,并且要标注建筑的主出入口,为方便道路和功能区的安排布置。另外,场地中原有的溪流、植被需要标注出来,在可能的情况下,尽量保护现存的植物。

(三)从概念到形式的设计

景观设计的初步概念得出之后,将概念化的图示转化为具体的平面图这一过程中,关系到景观在平面上的形式美。形式发展的过程涉及两个方面的内容:一是利用几何形状作为参照主题,将环境中的各个元素遵循所选取几何形的秩序法则布置,形成规则的有秩序性、统一性的空间,城市中广场和纪念性景观等运用此类手法较多;二是利用自然形式作为主题,相对于规整的几何形式布局,自然形式给人以柔和、亲近的感受,通过运用随机的线条和形象化的曲线能够给空间带来更多的变化。

1. 几何形构成的主题

运用简单几何形的重复和组合可以变换出有规律甚至有趣味的设计形式,常用的形式有矩形、圆形以及多边形。将几何形的结构和主题结合到设计中来的最佳办法是运用透明硫酸纸的叠加,或将 CAD 软件中的图层相叠加。把概念性方案图纸放在底层,覆盖几何透明图层,再附上一层透明硫酸纸勾勒出演化的设计方案(图5-38)。

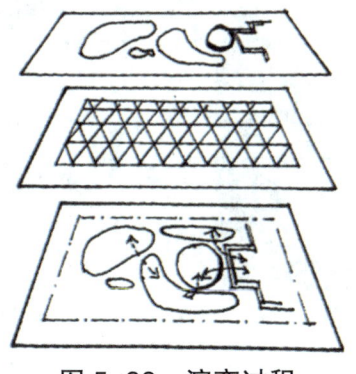

图 5-38　演变过程

（1）圆形主题

圆形是景观中最为常用的几何形状,也是可以形成最多变化的形状。不同程度的变形带来各异的视觉效果：多个圆形的拼接组合可以形成活泼俏皮的空间；同心圆的运用加强空间的向心性；圆弧形的构成给空间带来活力和变化；椭圆形的几何式增添了动感和严谨的数学形式(图5-39、图5-40)。

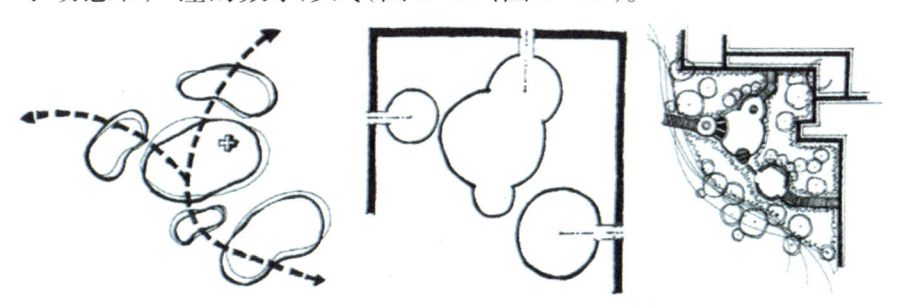

图 5-39　圆形主题从概念到形式的演变过程

（2）矩形主题

矩形与常规的建筑形状类似,且容易与建筑搭配的一种最简单常用的几何元素主题。矩形主题经常被用在要表现正统思想的基础性设计,在建造过程中也十分轻松、便捷(图5-41、图5-42)。

图 5-40　圆形主题设计实例

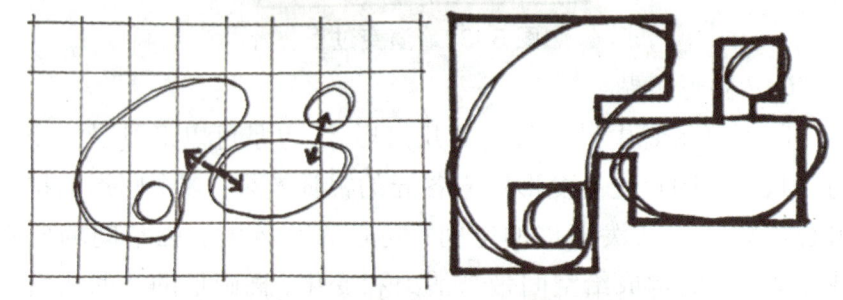

图 5-41　矩形主题从概念到形式的演变过程

图 5-42　矩形主题设计实例

（3）多边形主题

常用作形式主题的多边形有六边形和八边形，这种角度带有一定的张力。但除非特殊需要，尽量谨慎使用锐角，因为锐角不仅给人视觉上以不舒服的感受，还给景观的围护带来不必要的麻烦(图 5-43、图 5-44)。

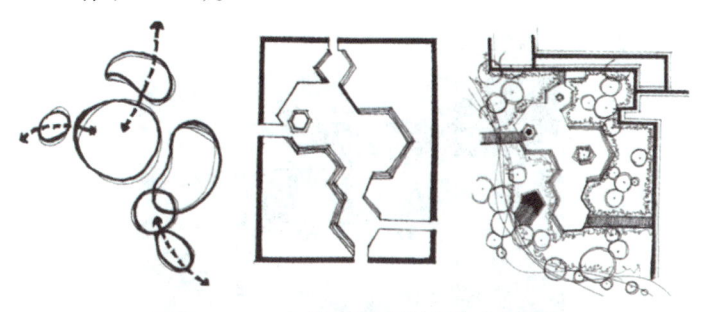

图 5-43　多边形主题的演变过程

图 5-44　多边形主题设计实例

(4)锐角主题

三角形具有稳定性,在城市景观设计中,运用三角形主题进行规划设计,必然会产生两个尖锐的锐角,因此要谨慎使用。合理的使用三角形主题能够带来强烈的视觉冲击力,形成时尚、夺目的景观环境(图 5-45)。

2. 模仿自然形体的主题

设计的场地应符合自然规律,盲目追求规则式布局是不可取的,应减少人为干预景观,尤其是开阔的自然保护区和生态敏感的地区。设计应从生态设计的本质出发,进而使人类最低程度地影响生态系统。采用对自然的模仿、抽象或者类比这些自然形式的线条和布局能够使人造景观更好地融入自然景观之中。模仿的目的是追求相似,所以模仿自然形体时要注意不造成大的差异；抽象是从大自然的精髓中提取元素，并且对其进行再设计；类比来自于自然，却超出自然。

图 5-45 锐角形式的运用

（1）自由曲线

自由曲线是最普遍的形态，"直线属于人类，曲线属于上帝"，高迪对曲线给予了高度的赞誉，也可以在他的作品中发现较多运用海洋的波纹曲线、骨骼的曲线等。这些曲线的运用，使建筑以及景观能够营造出梦幻、神话、非现实的空间（图 5-46）。曲线存在于自然界的各个角落，蜿蜒的河流、弯曲的海岸线、层峦起伏的山脉等（图 5-47、图 5-48）。

图 5-46 高迪作品中曲线的运用

第五章　城市景观的设计实施

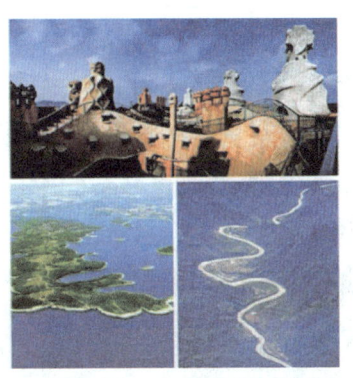

图 5-47　自然景观中的曲线

图 5-48　曲线在城市景观设计中的造型

（2）不规则折线

自然界不规则的折线多出现于岩石、冰层的断裂处等。在景观设计中,不规则折线有着直线没有的张力和动感,能给空间增加冒险性和趣味性。在运用折线时应尽量避免小于 90° 的锐角,原因在于锐角不仅会增加施工的困难、不利于景观的养护,而且使空间十分受限(4-49)。

图 5-49　折线主题形成的城市景观趣味性和强烈的视觉效果

·177·

（3）螺旋线

螺旋形，如旋转楼梯的造型，可以从海螺、蜗牛、海浪以及植物等形态中提取出来的，在三维空间中模仿了自然界中的螺旋形态，有悦目的造型。运用螺旋形的反转、重组，可以形成丰富的平面构成形式（图5-50）。

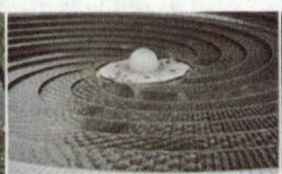

图5-50　螺旋线主题构成的景观设计

（四）空间的艺术性

城市景观空间设计从思维方法的角度来看，进行了概念分析和形式推敲后，要考虑的是艺术处理的一些手法以及组织原则，还要清楚景观空间的艺术性表现在哪些方面，应该如何彰显景观空间的艺术特征。

城市环境景观具有实用性和艺术性的双重作用。但是，在不同性质和功能的景观环境中，这两者的作用表现得并不均衡。相对来说实用性较强的环境中，城市景观设计现实使用效果是需要首先体现的，艺术处理相对来说处于次要地位。不过也有例外，艺术处理在政治性和纪念性园林中占主体地位，用于表现政治性景观的庄严和纪念性景观的威严，使观者产生尊重和敬畏之情。

城市环境景观的艺术设计体现的不仅是艺术性的问题，而且要有更深层的内涵。一个时代可以通过城市环境景观的艺术设计体现出它的时代精神，一座城市可以通过它体现出其具有的历史时期的文化传统的积淀。

1. 景观空间的造型

良好的比例和适当的尺度是比较完美的环境艺术设计首要追求的目标。为了更好地凸显景观环境的艺术特色和个性，首先

第五章 城市景观的设计实施

城市环境景观应具有良好的造型和平面布置,其次充分利用空间组合以及与细部设计的结合搭配,最后要充分考虑到材料、色彩和建筑技术之间的相互关系(图5-51)。

图5-51 景观空间各元素

2. 景观空间的性格

景观空间具有自己的性格,这取决于每个景观环境的内容、性质和主题,并通过景观空间的各构成要素的形式和特点来表达景观的形象特征。例如,城市中政治性和纪念性的景观构成要素的形式表现的是庄重、严肃的特性,让人产生敬畏和尊重之情,如莱克伍德公墓陵园景观设计,展现了一幅空旷、和平的风景,伴着静静的倒影池以及沉思的壁龛(图5-52);而商业和休闲娱乐性质的城市环境景观设计形式要充分表现出设计形式中的自由、轻松、优雅的特性,给人放松和愉悦之感。

图5-52 庄重的景观

3. 景观空间的时代性、民族性和地方性

具有一定特征的景观环境体现着时代感,可以从景观环境的布局形式、景观元素形式、材料、工程技术以及艺术手法上体现出来,彰显着这个时代的精神追求和风格特征。城市景观环境中所展现的传统文化、乡土风情和地域特色也体现着景观的民族性和地方性,从王澍的作品中能深刻感受到中国的文化背景(图

5-53)。

图 5-53 放松休闲空间

第六章　城市景观设计的专项实践

随着人类文明不断地进步,城市的内涵有了进一步拓展,城市的功能需要不断地完善,城市景观构成系统呈现出多元化、复杂化的趋势。本章将对景观建筑设计、居住区景观设计、广场景观设计、公园景观设计以及滨水景观设计展开论述。

第一节　景观建筑设计

一、景观建筑的释义

建筑作为重要的功能设施和视觉要素,必然成为生态景观设计的重要组成部分。对于建筑,重点需要考虑的问题是建筑的选址和平面形态布局。绿地中的建筑,一般分为建筑群体组合和单体建筑两类。建筑群体常结合周围环境形成"节点",成为一个区域的中心、视线的焦点,是主要的功能服务区和重要的观景场所。单体建筑在园林绿地中多以"点"的形式出现,就其景观价值而言,多起"点睛"作用。

"景观建筑"是指城市景观视角下的建筑,特别是那些形象突出、地域特征鲜明的建筑物,以及与室外空间和周围环境结合紧密的建筑单体或群体。标志性景观建筑是城市中的点睛之笔,以其实体承载了城市历史的、文化的、象征的丰富内涵,是构成城市景观特色的重要元素。

一个城市,尤其是具有深厚历史文化的城市,应该要注意保护和创造其自身建筑文脉延续中的标志性景观建筑。在城市景观控制中,将其纳入城市的大系统中去,注意其相互之间以及与城市的关系,既要保护,又要更新和发展。

二、景观建筑的类型

根据景观建筑的成因和特色,景观建筑大致可归为以下几类。

(1)由特定文化内涵而成为景观点:具有特定文化意义的城市景观建筑是城市特色构成的重要组成部分。城市的文化积淀越丰富,则这类建筑就越多,它体现着城市的历史延续和时空发展的延伸,这类建筑以纪念性建筑居多。

(2)因别致的造型形态而成为景观点:艺术的感染力向来是很多建筑的深层内涵的高层次体现,设计精妙、构思奇巧、造型独特的建筑可以烘托城市的文化气氛,是城市景观的重要组成部分。

(3)因其高度而成为景观点:并不是所有的建筑物、构筑物都能成为景观点,因高度而成为城市标志的建筑物、构筑物应占据城市重要的位置,对城市整体景观秩序有巨大的影响。

三、景观建筑的设计特点

绝大多数的景观建筑,本身都具有较强的实用功能,同时造型设计、立意等方面也极具特色,作为环境中极为抢眼的视觉主角,起到烘托气氛、点染环境的作用。除此之外,也有一些景观建筑的精神功能大大地超越了物质功能,其特点是对环境贡献较大,通常会成为城市的地标性建筑。

通常情况下,景观建筑的特点主要体现在以下几个方面。

(1)景观建筑往往有良好的景观效应或是景观辐射作用,它能够影响并组织周边环境,形成具有特色的城市氛围。城市景观是实体环境通过人的视觉等多重感官作用所反映出的良好的城市形象,一般由优美的自然环境、大量的背景建筑和突出的景观建筑所组成,景观建筑在这个环境中引导着人的视觉感受,起着统领城市景观的作用。

（2）景观建筑自身形态优美，室内外环境优良，设计质量高，因此大多数的景观建筑体现了对人们心理、生理上的关怀，体现了对生态环境的尊重，满足了人们对环境美的需求。

（3）景观建筑因其自身特征显著，具有明显的可识别性，往往能够成为一个区域乃至整个城市的地标。一组景观建筑更能形成一种有序列的标志系列，有助于人们对城市形象的记忆和识别，突出城市的特色。

综上所述，景观建筑是城市景观中的一部分，从属于整个城市景观系统，同时其本身也具有相对的独立意义，它是从城市大环境背景中分离出来的具有一定功能、含义的空间及实体。景观建筑在形成建筑自身的良好景观的同时，又是整体环境中的一部分。景观与建筑是等同的，不仅是意义上的，而且是形式与内容上的。

四、景观建筑的设计要领

（一）类型与风格

在生态景观设计中，关于建筑首先应该思考的是绿地内部需要哪些功能类型的建筑。对于主要功能建筑，一般会有明确要求，而对于辅助设施与建筑，则需要设计者进一步完善，在图纸中予以表达。

（二）建筑与环境

建筑的存在并不是孤立的，其位置、朝向、体量应以环境为依据，一方面我们常常希望它与环境融为一体，弱化其形态与材质的个性，"融化"于环境当中。另一方面，建筑可以塑造环境。它可以作为焦点，体现环境特征；可以作为空间界面，塑造空间；也可以构成一个节点，一个中心，一个环境中的"核"，控制整个区域。无论是融于环境还是塑造环境,两者并非相互矛盾,而是源自设计者遵循的目标与设计意图的差异。

（三）选择适宜的建筑

由于与环境在形态上存在明显差异,建筑必然成为场地当中的焦点,通过特定的形态体现其设计思想,并对景观绿地的形式风格与特征的表达起到十分显著的作用。要恰当选择适宜不同环境的不同建筑类型,以恰当的方式、多样的途径、丰富的建筑形态丰富我们的设计。

（四）体量与尺度

建筑的功能是决定建筑体量的主要因素,每一栋建筑的体量应与其功能相对应,相协调。另外,建筑的尺度与体量和审美密切相关。因此,在满足功能的前提下,可以通过对建筑形态的塑造,对建筑的尺度与体量加以控制,使其符合审美需要,并与环境相协调。

（五）院落空间

院落空间中西皆有,然而就造园角度而言,差异很大。学习中国传统设计思想、理念与手法是我们的责任,我们应该对这种类型的设计予以理解和把握,并能够较好地应用。

五、构筑景观建筑的手法

（一）突出地标建筑

突出地标建筑可以形成最具标识性的城市景观。地标建筑是地标景观重要的构成要素,地标景观是代表或象征某一地域或场所显著的景观要素,而具有标志性的建筑物往往起着地标景观

第六章 城市景观设计的专项实践

的作用。地标建筑不仅仅代表区域或者城市的主要意象,更能凭借其自身的魅力对周围环境有一定的辐射影响作用。[①]城市中的地标建筑一般是形态极为独特、具有极强标识性的建筑,或是具有深厚历史文化积淀的,或者具有特别纪念意义的建筑物(图6-1)。

图 6-1　珠海大剧院

（二）弱化建筑的视觉体量

弱化建筑的视觉体量,是对原有地形的最大尊重。与场地环境更好地融合与尺度巨大的环境相比,弱化是低调的,建筑不是视觉焦点,而是与背景环境融为一体。如果说通常意义下的建筑注重形式上的实体,那么弱化建筑则是对建筑形体的逆转,建筑的造型被"抹掉"或"削弱"了,但是人们对建筑空间的体验仍然存在,所以,"弱化"是试图用现象的建筑取代以往造型的建筑。

1. 覆土建筑

早期的覆土建筑在形态操作上的考虑是朴素而直接的——通过挖入土地或用泥土掩埋而消除人工营造的痕迹,尽可能地复原场地自然原始的状态,这种处理手法由于具有比较广泛的适用性而一直沿用至今,例如卢浮宫扩建工程地上玻璃金字塔的入口(图6-2)。

[①] 地标建筑的显性标识性是它的外在形式、体量等具有视觉价值的物质要素,而隐性标识性则是蕴涵其中的象征性,包括文化特质和独特的地域风格。

图6-2　卢浮宫玻璃金字塔

可以说，它是对原有地形及环境的最大尊重。随着建筑技术和设计理念的不断更新与发展，覆土建筑的概念内涵更为广泛，对于地表的操作也复杂许多——将地面视为一层（或是多层）可以被任意改变的柔性表皮，它可以被隆起、掀开、扭曲、翻折乃至重构。而这些操作更多时候并非去实际改变原有的土地，而是通过与地面连为一体的大尺度、整体性的屋顶形态的变化而达成，从而具有了概念化和人工化的特质。[①] 图6-3所示为首尔梨花女子大学教学楼，从坡道一侧看屋顶花园与峡谷。

图6-3　首尔梨花女子大学

[①] 事实上，这样的操作是基于对"地表/屋顶"这一对相对概念的有意混淆、模糊、反转和互逆，这种形态操作往往伴随着屋顶的可达性，从而确立起建筑与景观双重意义上的整合：一方面是形态上的融合，建筑形体似乎被置于隆起的地表之下；另一方面是景观空间的连续性，地表的空间界域不再被建筑形体所打断。二者相互驱动，互为因果。

2. 虚化立面

玻璃作为建筑的外围护材料是现代主义建筑之后才大量出现的。这种材料的两个主要特点跟水体有类似之处：通透性和反射性。尤其是随着建筑材料技术的不断发展，各种各样不同属性的玻璃被广泛应用到建筑与景观设计之中，其色彩、形态、质感越来越丰富，光线透过率、反射率、辐射率及传热系数等基本参数的变化也使得玻璃更加符合高科技、生态化的建筑发展趋势。玻璃可以使建筑实体具有轻灵剔透的效果，同时，还能够不同程度地在表面反射出周围的环境景物，这并不仅仅是让建筑"透明"而使其融入环境，更为重要的是要使建筑与其外部空间连续起来，包括视觉上的连续和行动上的连续，让环境和建筑主体切实地结合起来，这样建筑才是真正的"被弱化"甚至"消失"，而人对空间的感知和体验却并没有被弱化，甚至是更为突出了。玻璃的这种独特属性，在它与水体结合运用时，获得的效果更加灵动、丰富、变化多端（图6-4）。

图6-4 玻璃建筑

随着建筑表皮材料的种类越来越丰富，各类与玻璃具有某种相似属性的材料也被大量应用，例如铝、钢、铜以及它们的合金等金属材料，聚碳酸酯（简称PC）、乙烯-四氟乙烯共聚物（简称ETFE）等各种塑料材料。金属表皮材料形式众多、色彩丰富、易于延展成型，能够表现出各种复杂的立体造型、纹理及质感的效果，以适应不同的建筑设计要求，易于表现现代建筑的精致和优雅,同时,其多样化的处理方式使建筑与环境的融合,与玻璃产生的效果有异曲同工之妙(图6-5)。

图6-5 哈尔滨大剧院

用于建筑外饰面的塑料以透明塑料居多,如赫尔佐格与德·梅隆在设计伦敦近郊的拉班现代舞蹈中心时,把彩色的聚碳酸酯材料安装在透明或半透明玻璃墙的外层,所形成的建筑表皮在光线照射下产生奇异的彩虹外观和精细微妙的色彩变化,简单的体量有时似乎消失于天空中,模糊了人工环境与自然环境的界线,创造出一种梦幻般的效果。

图6-6 伦敦拉班现代舞蹈中心

3. 消解体量

建筑与环境的对立在很大程度上是由建筑客观存在于视觉中的三维体量感带来的,因此,改变常规的建筑界面处理手法,使其体量感尽量"消解"于环境中,是促进建筑与外部空间融合的

第六章　城市景观设计的专项实践

有效方法。台阶、坡道等元素对建筑单体或群体的流线起导向作用,在建筑的内部空间与外部空间之间、外部空间与外部空间之间,引发特殊的动态性,形成具有特殊意味的动态空间;以线条流畅的折面或曲面代替常规的平面,营造一种平和温柔的来自建筑本身的氛围,使人左右不能见其全貌,在不经意间,将建筑悄悄藏起。在人、建筑与景观环境之间,曲曲折折的坡面,带着折角的顶面,轻柔起伏的小径和尽情舒展的阶梯与平台,不禁让人忘记建筑从哪里开始,在哪里终了(图6-7)。

图6-7　横滨国际客运中心总体鸟瞰

4. 底层架空

高层建筑或大型建筑极具视觉冲击力的体量感,对于城市景观的群体轮廓可能是一种良性贡献,但对于其周边的人或环境则不可避免地会产生视觉和心理上的压迫感。因此,利用底层部分架空的方式,使与地面接近的建筑界面打破呆板僵硬的线性封闭,借用城市外部空间的各种景观要素,将周边环境引入建筑实体内部,形成自然无痕迹的过渡,共同形成有活力的景观建筑,从而在近人尺度上缓解了建筑的体量压迫感,同时又没有破坏其对沿街建筑轮廓线或城市天际线的参与和贡献(图6-8)。

图 6-8　新加坡派乐雅酒店底层架空（局部）

（三）仿自然

仿自然可以让绿色环境真实再现。将绿色植物直接用来装饰建筑立面或屋面并不是现代建筑的主流，但作为对景观建筑探索的一个途径或许对设计有所启示。直接将绿色植物置于建筑物外表皮听起来似乎是一种对现代建造技术的消极对抗，而事实上是用最直接的体验把人们带回到自然之中。绿色植物的应用已经从纯粹的装饰性过渡到一些建筑物的外观上。

马德里 CaixaForum 博物馆入口广场相邻建筑的墙上，打造了一座高达 24m 的美丽的"垂直花园"，几百种不同类型的植物形成了一幅以绿色为基调的艺术画，与 CaixaForum 建筑上的暗红锈铁形成强烈对比，将相邻建筑成功地隐匿在城市传统的街巷之中，使路人的目光更专注于这座由 1899 年的发电厂改建而成的博物馆，更为整条大街注入了绿意与活力。同时，由于植物特有的生态属性，这面"垂直花园"处于动态的变化之中，随着植物种类、色彩、形态的不断变化，绿墙也呈现出质感、构图与视觉效果上的差异（图 6-9）。

图 6-9　马德里 CaixaForum 博物馆入口

六、景观建筑设计实例

巴布尔在印度建立了莫卧尔帝国(1526—1857),他是蒙古帖木儿的直系后裔,母系出自成吉思汗。至沙加汗时期(1627—1658)是其"黄金时代",著名的泰姬陵就是在这一时期建造的(图6-10)。

图 6-10　泰姬陵

建筑屹立在退后的高台上,重点突出。白色大理石陵墓建筑形象为高70多米的圆形穹顶(图6-11),四角配以尖塔,建在花园后面的10m高的台地上,强调了纵向轴线,这种建筑退后的新手法,更加突出了陵墓建筑,保持陵园部分的完整性。建筑与园林结合,穹顶倒映水池中,画面格外动人。

图 6-11　圆形穹顶

陵墓寝宫高大的拱门镶嵌着可兰经文,宫内门扉窗棂雕刻精美,墙上有珠宝镶成的花卉,光彩闪烁(图 6-12)。陵墓东西两侧的翼殿是用红砂石点缀白色大理石筑成,陵园四周为红砂石墙,整体建筑群配以园林十分协调。

图 6-12　陵墓寝宫

第二节　居住区景观设计

一、居住区景观构成要素

居住区相对独立和围合的空间给人以安全感,但理想的居所应该是自然场址和景观环境的完美结合。景观的基本要素不仅是住宅区的组成部分,而且还是人与自然交流的生命物体。景观要素不是孤立存在的,它只有与其他元素相结合并融为一体时,它的含义才是固定的、内在的。

居住区景观构成要素主要有场地、地形地貌、住宅建筑和辅助建筑、公共设施、开放性公共活动空间、水体、绿地、植栽、环境小品等显性要素和历史文脉等隐性要素。

二、居住区景观规划设计

人性化设计是当今设计界倡导的理念,而家庭作为人类身心的栖息地,它的位置十分重要。家庭是社会构成的最小细胞,人类的生存离不开家庭,离不开社区中的家庭生活,离不开与之相融合的居住区环境。

（一）基本目标

居住区整体环境设计所要达到的基本目标主要有：

（1）安全性。居住区相对于城市开放性公共空间来讲是一个相对封闭和私密的空间环境,人们生活在这种居住环境中,不必担心来自外界的各种干扰和侵袭,使人具有安全感和家园的感觉。

（2）安静。由于居住区的功能特点,决定了居住区有别于其他公共环境,人们在外工作之余回到家后,需要一个安静的休息环境,使疲惫的身心得以恢复。

（3）舒适性。居住区的舒适性除了包含以上两点外,还应该具有良好的空间环境与景观、安全的生态环境、充足的光照、良好的通风、葱郁的绿化、良好的休闲运动场所等条件。

除了以上三点目标外,居住区设计还要结合国情,体现实用性、多样性、美观性、经济性的原则。居住区的景观形态是外在的表象,通过形态的创造达到高品质的空间才是主要目的。

（二）设计原则

1. 个性的塑造

个性特色是一个居住区区别于其他居住区环境的标志性特征，它有助于居民产生对家园的归属感和自豪感，有助于居民通过不同景观和标志的特征较容易地识别居住建筑的位置和回家的路线。居住区景观的个性表达不仅依据功能和场地的自然特征，而且又涉及设计师设计意图的表达；前者是居住区本身固有的，后者则属于主观因素，是由设计者赋予的。居住区景观设计可以借助形式来表达一定的理念和审美价值，赋予形式以某种象征意义，借此突出场所的性格特征。

2. 适应性

居住区景观设计应该满足不同年龄、不同层次人群的需要，能够同时提供多用途的体验。

在居住区中，人群的多样性决定了他们在公共空间活动的丰富性，在场地允许的情况下，空间环境设计是否具有亲和力非常重要，它不仅可以成为居住区人们的活动中心，还可以加强市民之间的交流和沟通。

3. 多样性

多样性首先要求环境场所具有良好的秩序和丰富的构成要素。达到秩序化最简单的方法是构成元素的和谐与统一，多样性并不是景观构成的杂乱无章。著名建筑师赖特曾尝试用四种形式美构成法则，即秩序、均质、层级、并列，用它们来设计高秩序、高复杂性的景观。景观中形式要素和细节的差异称之为多样性；景观设计的多样性是指景观中多样化的程度和数量，它强调的是景观设计中的变化和差异，它是设计的一项重要属性。

自然景观中的多样化程度受到地理气候的影响，自然条件越是恶劣，它的景观格局就越简单。通常在文化混合的区域内景观具有多样性。

4. 统一性

景观设计中的统一性是指具有多样性的统一性,自然景观自身具有良好的统一性,如果将劣质的人造景观要素引入,就会打破自然景观固有的统一性。景观中的要素种类越少,统一性越强,但统一性的设计也应当是生动和富有节奏的。

三、居住小区景观设计的步骤

居住区的景观规划是建立在前期建筑规划的基础上的,前期规划方案的优劣对后面的景观规划有着重要的影响。居住区的景观规划通常分为三个步骤。首先是总体环境规划,这个阶段规划师和建筑师已经开始了前期的设计工作与创意,若景观设计师能够较早地介入前期的规划与设计,发挥各专业的优势,可以使设计方案更加完善,以便为后面的景观设计打下良好的基础。景观设计师首先需要了解新建居住区的开发强度,建筑的密度、容积率是多少,建筑是多层、高层、小高层还是别墅,是自由式还是组团式。居住区的地形、地貌、周围的环境景观如何,与城市道路网的关系、日照和通风等都是需要考虑的设计因素,只有在合理满足使用功能的基础上,扬长避短、扬优蔽劣,才能设计出真正适合人居的环境。其次是居住区的硬质景观设计,场地中的硬质景观包括了地形的塑造、建筑形态方面的因素,以及场地环境中的其他构筑物。最后是场地中的软质景观设计,如树木、草地、水体等。只有充分发挥不同专业设计师的智慧与创造力,才能设计出充满生命活力的居住区景观。任何工程的设计步骤,都是一种工作程序和科学方法的运用,居住区设计理念的创新才是设计的真正灵魂。

四、居住区景观的空间营造

在现代城市生活中,人们除了日常工作中的协作之外,彼此之间缺乏广泛的交流。长此以往,这种现状对人的身心健康将产生不利的影响,现代居住区集居住、娱乐、休闲等多项功能于一体,为居民创造了更多的相互了解与沟通的机会。

(一)步行空间

居住区的道路系统是居民使用率较高的公共空间,路径是居住区的构成框架,一方面它起到组织交通的作用,另一方面它作为边界可以限定空间,起到划分空间区域的作用,路径与空间的结合创造了景观的复杂性和有机形态;路径形式设计包括了不同路径形式设计及其组织关系,不同路径有不同的功能和目标,它们的美学含义和给人的感受也不相同。合理的步行空间设计可以延长人们在户外逗留的时间,使人们感到舒适和安全,并愿意驻足观赏、交谈,为交往创造条件。

对于步行空间的设计,首先要解决的是人、车分流问题,车行道要有足够的回旋余地。较长的路径可以延长人们的逗留时间,但更需重视感观距离,富有创意和变化的路径会给人一种遐想。路径的线性、宽窄、材料、装饰在赋予道路功能性的同时,和路径两侧的其他景与物构成居住区最基本的景观线,人们通过这条景观线去体验环境的美(图6-13)。

图6-13 道路与景观小品的结合

第六章　城市景观设计的专项实践

（二）廊道空间

廊道是可通过的围合边界，通常可以作为建筑的延伸，同时又是相对独立的构筑物。廊道空间可以作为模糊空间，是一个内外交接的过渡区域，建筑的实体感被削弱，空间显示出整体独立性和多义性。它是一种能够有效促进人们日常生活交往的空间形式，具有流动性和渗透性。它既是交通空间，又可以作为休闲空间，具有不确定性（图 6-14）。

图 6-14　小区廊道

（三）院落空间

根据住宅区的规划要求，建筑与建筑之间都会有大小不一的院落空间，而根据居住区院落的性质不同，院落空间又分为专用庭院和公共庭院两类。专用庭院是指设计在一层住户前面或别墅外面供私家专用的院落。专用庭院利用首层与地面相连的重要特征提供了接触自然、进行户外活动的私人场所空间，也成为保护首层住户私生活的缓冲地带（图 6-15）。现代住宅区的公共庭院属于一个组团居民的共用空间，相对于组团内的住宅而言，它是外部空间，相对于整片居住区来讲，它又是内部空间，和城市中的开敞公共空间是有区别的。

图 6-15　专用庭院

居住区公共院落不仅能促进户外与户内生活的互动，而且院落空间强化了归属感和领域感，可以形成组团的内聚力，维护邻里关系的和谐。院落空间具有多元化的功能，它可以满足不同年龄层次人们的不同行为方式的需要，成为居民休闲、娱乐、活动、交流、聚居的主要场所。

（四）多层次的景观结构

居住区景观向内部围合成具有安全感、尺度适宜的内部生活交往空间；同时可向外借景，将城市良好的自然景观引入居住区的景观中，形成丰富开阔的景观层次。

五、居住区私人庭院设计实例

如图 6-16 所示，设计呈现的是新古典主义形式，凸显典雅大气的气质，花园的设计首先突出建筑主要性格特征，同时体现简约、明快及温馨的庭院生活氛围，花园的风格与建筑形式之间形成统一感。

花园用大面积的草坪作为室外景观，考虑了室内外之间的相互对应关系，保证了整体大气、简约的设计风格在室内外之间的衔接与过渡。在视线上大面积的草坪为室外空间提供了欣赏建筑本身的场地空间，并保证厚重的建筑形式不至于让人产生压抑

第六章　城市景观设计的专项实践

感,设计充分地考虑了场地空间中建筑与庭院的视线关系。花园内边界空间造型采用圆形作为主题元素,通过这种手法与建筑的风格相协调,增强总体环境的统一感,并通过不同的装饰材质来围合不同的空间区域,这样在视觉上给人以富于变化的统一感,同时也丰富了花园空间的总体层次。

图 6-16　私人庭院

（一）入户区大理石铺装的开阔空间

庭院主体建筑由大理石装饰的围墙构成,植物与建筑之间形成了良好的对应关系,统一感强,突出了典雅大气的气势。围墙与门前铺地绿化成为地面与墙面之间的过渡,软化了大面积石材形成的压抑感,造型优雅的大树点缀在大门旁,成为进入私家空间的标志;经过精心修剪的灌木与围墙之间形成了柔和的色彩对应关系,使视觉空间的过渡变得自然而亲切(图6-17)。

图6-17 大理石铺装

（二）亲密的对应关系

野趣池塘边上的圆形木质地台与太阳伞下的休闲座椅之间构成的休闲区与花园之间形成了亲密的对应关系。这种对应关系,增强了呼应的美感,是造园空间设计中常用的手法(图6-18)。

图6-18 亲密的对应关系

（三）巧妙的材质过渡

利用石材作为花池的边界与草坪空间之间形成了良好的分

割关系,花池与草皮之间的过渡采用低矮的草本植物作为装饰,弱化了过渡之间的生硬感。颇具有"苔痕上阶绿,草色入帘青"的情趣,砖红的结构与碧绿色调搭配极为入眼,田园感充满了园子的每个角落(图6-19)。

图6-19 草木植物的装饰

第三节 广场景观设计

一、广场的类型

随着现代城市的发展,城市功能的多样性需求增强,按照城市广场的主要功能、用途及在城市交通系统中所处的位置,可将城市广场分为行政广场、宗教广场、交通广场、商业广场、纪念性广场、文化广场、游憩广场等。城市广场还可以按照广场形态分为规整形广场、不规整形广场及广场群等。现代城市广场形态越来越走向复合化、立体化,比如下沉式广场、空中平台和步行街等。按照广场构成要素可分为建筑广场、雕塑广场、水上广场、绿化广场等。按照广场的等级可分为市级中心广场、区级中心广场和地方性广场等。尽管城市中有不同功能与性质的广场,但它们的分类是相对的,现实城市中各种类型的广场都或多或少地兼有其他类型广场的某些功能。

二、城市广场的空间形态

现代城市的发展促使城市广场必须和城市规划、经济、文化发展相结合,城市广场在功能性、形式上不仅要适应城市新的发展要求,而且要根据城市规划、城市功能的分布,场地环境的条件,创造出具有特点的广场空间形态。

广场的发展和城市的发展有着紧密的联系,广场的形态由早期的平面型逐步发展到现代的立体空间型,平面型广场是城市中最常见,也是城市在规划中常使用的策略。如古代西方的城市广场,现代城市广场如北京天安门广场、上海人民广场等。随着人类社会文明的进步,城市成为一种人类文明的象征,城市的功能需不断地更新和完善,城市广场从过去单一的平面型发展成立体空间型,而立体空间型广场一般是为了处理城市不同的交通方式,以达到快速疏散人群的作用,它和大型的城市公共设施和建筑紧密结合,构成一个功能多样化的空间环境。如机场航站楼楼前广场,火车站站前广场、大型商业广场、文化建筑前的广场等。澳大利亚墨尔本市中心的地标性区域,是为了庆祝澳大利亚联邦成立100周年而兴建的"联邦广场",广场建筑充满时代感,而围绕广场四周的福林德街火车站、圣保罗大教堂以及许多维多利亚式建筑,体现了城市古老历史和独特的异国情调。

(一)广场的空间形式

根据不同地形和建筑功能的要求,立体型广场又分为上抬式和下沉式,上抬式广场一般都是将车行交通设计在较低的层面,而人群则在上层活动,这种设计主要是为了解决人车分流问题,比如巴西圣保罗市安汉根班广场。

下沉式广场在当代城市建设中被广泛地运用,在城市中心区域土地高度紧张的情况下,许多需要完善城市功能的公共设施只有向地下发展,下沉广场的特点是不仅能够解决不同交通的分流

第六章　城市景观设计的专项实践

问题,而且通过和其他公共设施的结合围合成一个具有较强归属感、安全感、闹中取静的广场空间,如北京奥体公园地铁站下沉式广场、法国巴黎拉德芳斯广场、美国费城市中心广场、日本名古屋市中心广场、法国巴黎的阿莱广场、上海静安寺广场等都属于这种类型。这种空间形态广场的周围一般都有大型的公共建筑,比如体育场、博物馆、火车站、商贸中心等,有些和商业步行街、地下商业街、地铁车站、过街通道结合在一起,构成一个多功能的广场空间,成为城市环境空间重要的组成部分。

（二）广场平面形态的制约因素

城市广场的平面形态和城市规划、道路交通、地块周围的建筑及其他公共设施有着紧密的关系。广场的英文"Square"与"方形"是同义词。欧洲早期大多数广场都呈方形或长方形。但是城市广场不都是规则形,也有许多不规则形,城市广场的平面形态并不是凭空想象和随意勾画的,它的平面形态规划在巧妙构思的基础上,还应考虑以下主要因素:（1）自然条件因素的制约,广场平面形态的形成要顺其自然,同时要综合考虑基地的地形、地貌、广场的性质、周围的构筑物和道路,以及和城市规划的关系。（2）广场功能对平面形态的影响,如法国巴黎的凯旋门广场、南京的鼓楼广场均处在城市的主要交通位置,圆形形态能更加合理地解决此处的交通问题。

三、广场的空间尺度与封闭感

广场空间就如同人们常见的建筑空间一样,它可能是一个封闭性的独立空间,也可能是一个与其周围空间进行相互联系的组合空间。人们在认识和体验广场空间时,往往都是先从街道空间过渡到广场空间的这样一种空间流动顺序。在此,只有营造出一种从一个空间向着另一个空间逐渐过渡的运动趋势,才能够吸引和引导人们去主动地欣赏空间和感受空间。

一般来说,头部和眼球运动的方向,都是按照能否被物体吸引而进行活动的。其中,人的视线特点决定了人们感受一个空间的封闭程度,即空间感觉。针对这种空间封闭程度的感受特点而言,在很大程度上取决于人们的视野距离 W 与围合界面高度 H 之间的比例关系(图 6-20)。

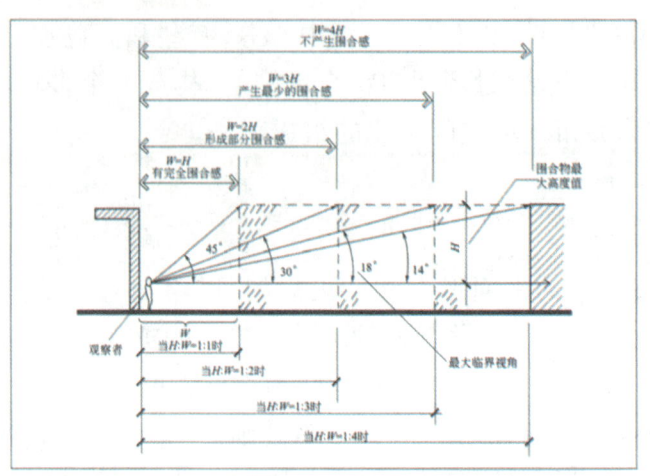

图 6-20 空间尺度的围合感示意图

(1)当人们周围的围合界面高度与观察距离形成相等的比例关系时,可让人们形成较为良好的空间封闭感受。垂直界面高度:水平观察距离为 1∶1 时,可形成与人的水平视线最大成角为 45°的视线阻挡立面。

(2)当围合界面的垂直高度与人们的观察距离构成 1∶2 的比例关系时,这是决定围合界面是否具有空间封闭感的最小极限值。当这一比值大于 0.5 时可形成一定的封闭感,而当这一比值小于 0.5 时则不会产生封闭感。垂直界面高度:水平观察距离 =1∶2 时,可形成最大为 30°的视线阻挡夹角。

(3)当围合界面的垂直高度与人们的观察距离构成 1∶3 的比例关系时,能够使比这个空间围合界面更远处的建筑物等背景,都转变成为这个空间中围合界面的关联部分,这个空间不会形成封闭感。垂直界面高度:水平观察距离 =1∶3 时,可形成最大为 18°的视线阻挡夹角。

第六章　城市景观设计的专项实践

（4）当围合界面的垂直高度与人们的观察距离构成 1：4 的比例关系时，这样的围合界面将不具有任何空间封闭感，也不会产生任何的围合作用。垂直界面高度：水平观察距离 =1：4 时，可形成最大为 14°的视线阻挡夹角。

除此之外，广场空间的封闭感，还应与周边围合界面的连续性以及空间的构成特征有关。例如，当建筑立面上的开口过多，或者是建筑物单体的构成形式在整个立面上变化得过于强烈时，也会减弱这个空间的封闭感，图 6-21—图 6-23。

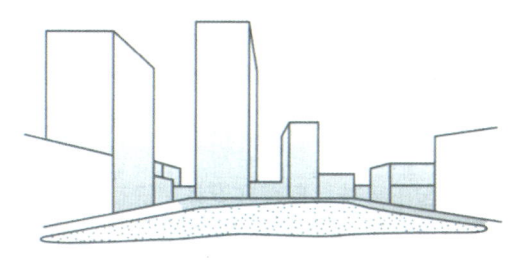

当形成广场的围合建筑群体高低差别过大时，会使空间的界定感不明确。

图 6-21　广场空间的围合图示（一）

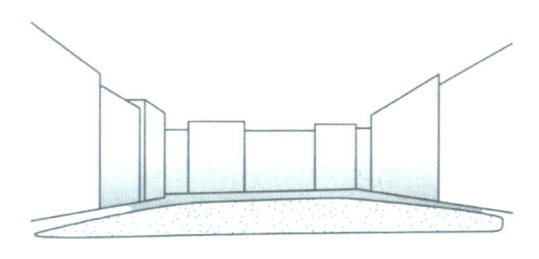

当广场周围的围合建筑群体其高度相差不大，且广场的高宽比约为1:3时，观察者能够形成一定的围合感，空间界定有效。

图 6-22　广场空间的围合图示（二）

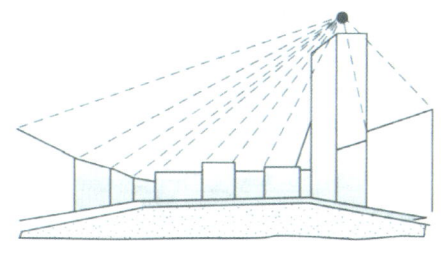

当广场的高宽比达到1:4时，如能在其周围的重要地点布置一栋较高的建筑，则可获得"伞效应"的空间界定效果，并形成广场的标志性特色，空间界定也较明确。

图 6-23　广场空间的围合图示（三）

·205·

要形成一个最佳的广场空间,不仅要求广场周围建筑应具有合适的高度和连续性,而且还要同时具有合适的水平尺度。如果当一个广场的占地面积过大,那将失去很多与周围建筑等围合界面形成的空间联系,同时也难以形成一个具有某种封闭感的广场空间。在许多失败的城市广场设计中,绝大部分都是由于广场的面积过大,而导致广场周边围合建筑的垂直高度比例过小,使底界面与围合界面的相互关系失调,过分地强调一个广场底界面的延续性,从而忽视了一个广场应首先具备的"露天房间"的空间特征。

例如,意大利比萨广场,虽然广场空间的围合感并不强,但由于广场中设置的三座宗教性建筑,即大教堂、洗礼堂和钟楼,却使其空间特征发生了根本的转变。这组建筑的共同特点是体量都非常巨大,在各自单体上都重复使用罗马风格的拱券和柱饰,三座建筑都有一个宽大的大理石基座,并都采用相同的大理石材料形成建筑的贴面,所以极大地加强了建筑外观的相似性。此时,广场中心的这组建筑对广场空间起到了主要的支配作用,可产生戏剧般的空间庇护感,使人置身其间也会具有相对围合、层次变化,以及空间连续的视觉感受(图6-24)。

图6-24 意大利比萨广场平面示意图

四、广场空间的围合性

（一）封闭性广场景观

从广场空间构成的基本形态来看，在大多数的古典广场中，不仅其空间环境的围合方式具有明显的封闭性特点，而且它们的空间布局形式也都具有十分规则的外部形体特征（图6-25）。

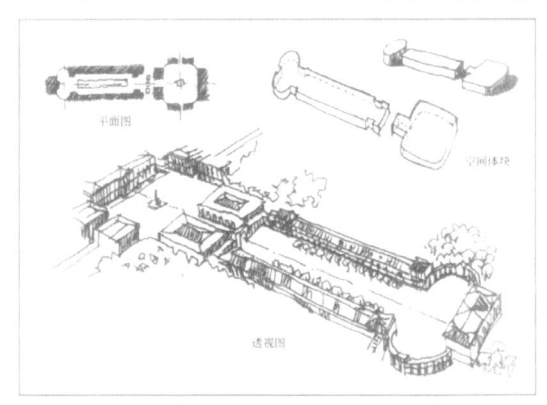

图 6-25　法国南锡广场空间形态分析

若从空间构成的角度上概括来讲，封闭性广场一般具有以下共同特点。

（1）广场空间周围的围合界面应具有连续性和较好的协调统一性。

（2）广场空间应具有良好的围护感和安宁感。

（3）在广场空间中应比较容易地组织主体建筑。

在古典广场中，由于空间构成的四个角呈闭合状态，都可形成良好的空间封闭感。而对于一个现代的城市广场来说，棋盘式的交通道路贯穿了广场空间的四个角，使得广场空间在四个角上都产生了缺口，从而也就削弱了现代广场的封闭感。在这一方面，还应当结合广场空间的使用功能和空间特征来进行弥补，要从人性化设计的角度出发，并以营造宁静、安逸、亲切以及封闭性良好的公共空间为目的。

对于封闭性广场的原型来看，可以追溯到早期的欧洲城堡建筑，这种城堡建筑有极强的封闭性，其主要作用是以防守为主，不论是城内围合空间，还是城墙建造尺度，都会让人形成良好的封闭感，如图6-26所示。

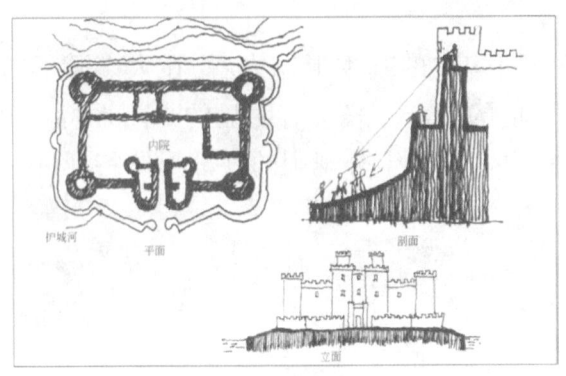

图6-26 欧洲古城堡示意图

广场的封闭性需求，也是随着社会文明的进步和经济发展的需要而不断演变的。若要从城市发展的角度来理解广场的封闭性，那就要先来了解一下城市的由来。城市是社会与经济发展的集中体现。早期的"城"和"市"是两个不同的概念，其中"城"和"市"分别代表了两个不同的环境形态。"城"是防御性的概念，是为了社会的政治、军事等目的而兴建的具有防守性的堡垒，城的边界十分明确，空间形态可表现为封闭型、内向型；而"市"是指贸易和交易的概念，是通过生产活动或经济活动而形成的社会区域，市的边界则十分模糊，其空间形态可体现为开放性、外向性。伴随着社会文明的不断进步和社会经济的日益发展，"城"和"市"，这两种初始阶段的空间形态也就逐步变得越来越丰富和扩大，并逐渐形成相互渗透的趋势，这时"城"和"市"的界线也就变得越来越模糊，从此便逐步演变成为一种新的环境形态，最终形成了内容丰富多样、结构复杂的聚居形式，即人们今天所说的城市。

在现代城市中，广场是城市的重要组成部分，其主要功能是为了给市民提供一个能够进行交往、娱乐、休闲、聚集以及其他社会活动的户外公共空间。封闭性广场的实例,如意大利栖亚那的坎坡广场(图6-27)。

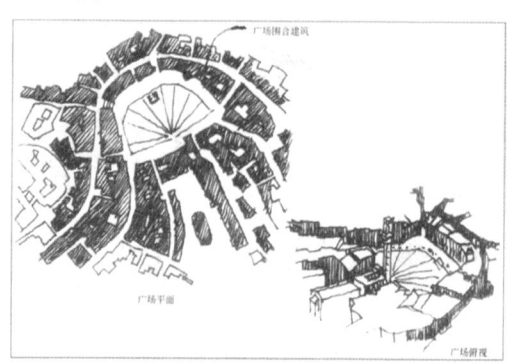

图6-27 意大利栖亚那的坎坡广场平面示意图

(二)半封闭性广场景观

半封闭性广场的空间形态,是相对于广场四周的围合界面而言的,当去掉广场空间中某一侧的围合界面时,便会形成一个面向某一方向的开敞空间,对于这种类型的广场空间形态,人们把它称为半封闭性广场。

实际上,这种半封闭性广场的空间类型,仍属于封闭类型广场中的一个特例。因为,在这个开敞的界面上,仍要以雕塑、小品、栏杆、柱廊等来形成广场空间的限定,只不过是将完全封闭的空间界面转变为另一种空间界定要素,使封闭性在这一界面处得到减弱,并增加了广场空间与周围环境的相互联系。

在半封闭性广场的设计中,一般都把广场的主要建筑设置于开敞处的对应界面上,并把开敞处的界面作为整个广场的主入口。由此不难看出,一个广场入口方向的景观空间,会由于主体建筑的加入而使其更加大放异彩;在主体建筑处的景观空间,也会由于入口处界面的开敞,而获得空间的延续,并同时起到借景的作用(图6-28)。

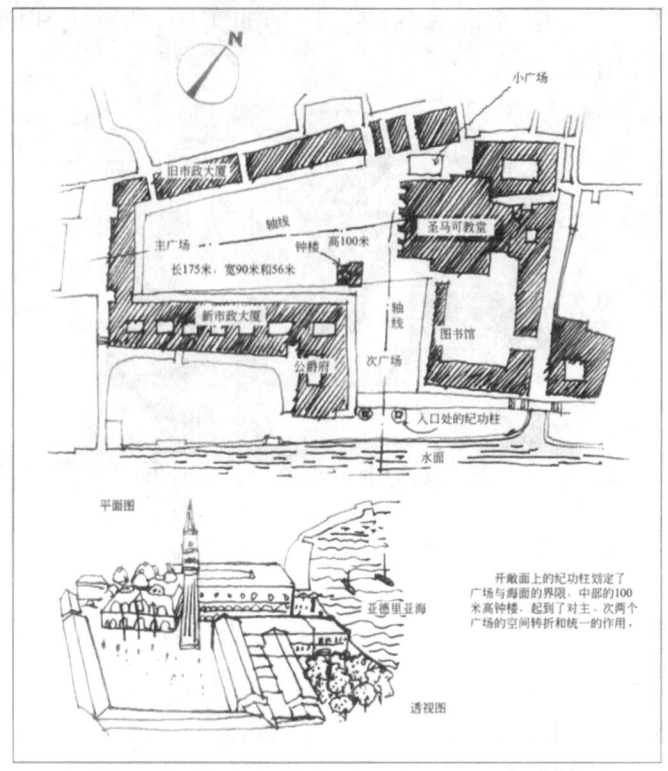

图 6-28　威尼斯圣马可广场平面示意图

在城市空间环境中,有时为了营造出一种相对的封闭形式和围合感,还可采取整体广场地面抬升或局部下沉的方法来实现。例如,于1991年建成的美国加利福尼亚州的珀欣广场,属于一个公共性的休闲活动空间,地处洛杉矶市中心的第五街和第六街之间,其高高耸立的紫色钟塔与广场上的流水景观相结合,形成了一种时间流动的环境气氛。在珀欣广场上的钟楼对面,分别设立了明度极高的黄颜色咖啡厅和黄颜色的公交汽车站,可与紫色的钟楼形成极强烈的色彩对比,也将周边围合界面的不确定性在此得以凝聚,从而增强广场空间的向心力。同时还通过圆形的流水池和下沉的矩形广场,与整体广场空间形成落差的变化,来加强广场空间的趣味性(图 6-29)。

第六章　城市景观设计的专项实践

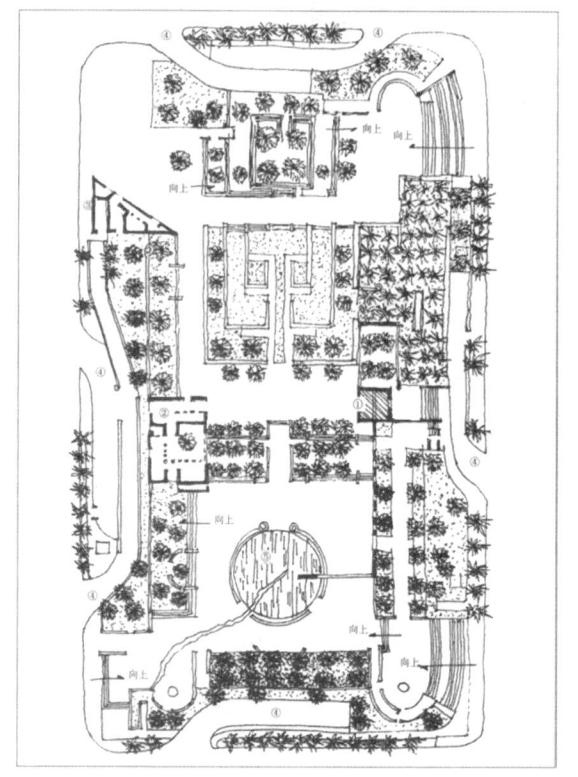

图 6-29　美国加利福尼亚珀欣广场平面示意图

（三）组合性广场景观

随着社会文化和经济活动的不断发展,当公共建筑以群组的形式出现时,广场的设立则通常都会以公共建筑群体为核心进行空间组织和分布。因此,广场的设置有时是围绕着一个公共空间来形成,也有时是由几个公共空间共同构成一组广场空间而实现,人们便将以这种形式而构成的广场空间类型,称为组合性广场。

在组合性广场类型中,对于形状各异的一组广场空间来讲,既可通过轴线的关系实现广场空间的有序排列,又可利用各广场地面高差的不同,来形成这些广场组群的空间变化韵律。

例如,建于 18 世纪初期的罗马西班牙大阶梯,设计师斯帕奇,运用了巴洛克时期自由灵活的表现手法,将三个广场进行了

·211·

非常巧妙的组合，也使其成为组合性广场的成功范例。这一组合性广场之所以用大阶梯来命名，是由于在其中的一个广场上，设计师利用场地之间高差的不同，创建了一个具有全局性意义的大阶梯式的广场空间，同时这一大阶梯的空间构成还起到了联系其他两个广场的关键作用。

五、广场景观设计要领

（一）多样性

城市广场作为开放型公共空间，它的使用者是多群体、多层面、全天候的，因此广场的设计要充分考虑各种人群（健康人群、残障人群）、各个年龄段人群（老人、青年人、少年、幼儿）、各种社会阶层人群（锻炼与休闲的市民、约会的情侣、游玩的学生等）、各种使用性质（健身、休闲娱乐、集会、买卖等）等在各时段、各区域使用的兼容性、协调性。满足人们根据自身的意愿和需要进行各种不同选择的可能。

（二）效率性

效率性是指要充分发挥城市广场这一公共空间的使用效率，要达到此目标，首先，城市广场的规划选址要充分考虑使用者的便利性和通达性，具有良好的景观和自然环境。城市道路的规划和广场选址、设计需紧密结合，这样既能解决市民进入广场的通达性问题，又能使广场的内部活动不受外部交通和过往行人的影响。不同性质的广场都有特定的功能，广场的规划和设计应使使用者能够更加合理和充分地利用城市广场公共空间，通过设计手段为市民的必要活动和适宜活动提供便利，以维持城市公共空间的良好环境及和谐气氛。

第六章　城市景观设计的专项实践

（三）生态性

生态学思想的引入，促使了当代景观设计思想和方法的发展，景观设计不再停留在狭小的天地，而是渗透到各个学科和更广泛的领域，生态性设计并不只是多种树、多栽草的问题，大气的保护、能源的利用、水资源的收集及再利用、低碳的排放、垃圾的处理等都对景观的生态性设计有着重要的影响。

（四）保护与发展

随着我国城市大规模的建设与改造，许多历史文化遗产和自然景观遭到严重的破坏，对传统文化的延续产生了不利的影响。而景观风格的趋同化使具有民族传统特色的公共空间日趋减少，在广场空间景观设计中，挖掘和提炼具有地方特色的文化，防止人为地割裂历史文化，重视当地市民对地域性文化的认同感，体现广场景观的地方文化特色，增加区域内市民的凝聚力，提高景观的旅游价值都具有重要的意义。

（五）可持续性发展

可持续性发展追求的是人与环境、当代人与后代人之间的一种协调关系，城市的发展必须以保护自然和环境为基础，使经济发展和资源保护的关系始终处于平衡或协调的状态。自然景观资源和传统文化景观资源均是不可再生资源，城市广场景观建设不能以破坏这些资源为代价，应以自然景观资源、传统文化资源为设计基础创造出既有自然特征，又有历史文脉，同时具有现代特色的城市广场环境，善待自然与环境，规范人类资源开发行为，减少对生态环境的破坏和干扰，实现景观资源的可持续利用，是现代城市广场景观设计的重要策略。

六、广场景观的绿化

绿化是城市生态环境中的最基本空间之一,它能够让人们重新认识并感受大自然,拥护大自然,以补偿工业化时代的不断发展以及高密度的资源开发对自然环境造成的破坏。所以,不管哪个广场的景观在设计时都要有一定的绿化空间,而且要尽可能地让绿化的面积多些。对于如火车站、汽车站的站前广场、体育馆前的广场等一些专门供集散所用的广场来说,绿化的面积也应该不能低于10%。现代城市发展较快,可谓是寸土寸金,所以要能够充分发挥绿化在城市空间中所起到的柔化剂作用,让植物能够成为城市广场建设中的生力军。

由于我国幅员辽阔,气候的差异就比较大,不同气候的特点也会对人们的生活造成一定的影响,这就形成了特定城市环境的形象与品质。所以,广场中的绿化布置也应该根据当地的气候类型来因地制宜的设计,依据各地气候、土壤条件的不同情况,采取不同设计的手法。如天气炎热、太阳照射比较强的南方,广场上就要多种植能够遮阳的乔木,再辅以其他的观赏树种;北方则可采取大片的草坪加以铺装,进行适当地点缀其绿化。

另外,可以利用高低迥异、形状不同的绿化构建多样的景观,让广场环境的空间呈现出丰富的层次感,展示其应有的个性。此外,还可运用绿化本身的内涵,既起到陪衬、烘托主题的作用还可以成为主体控制整个空间(图6-30)。

图6-30 广场景观的绿化效果图

七、广场景观的设计原则

（一）公共广场景观的设计原则

城市广场景观设计的原则主要体现在以下几个方面。

1. 尺度适配原则

根据广场不同使用功能和主题要求,规定广场的规模和尺度。例如政治性广场和市民广场其尺度和规模都不一样。

2. 整体性原则

主要体现在环境整体和功能整体两方面。环境整体需要考虑广场环境的历史文化内涵、整体布局、周边建筑的协调有序以及时空连续性等问题。功能整体是指该广场应具有较为明确的主题功能。在这个基础上,环境整体和功能整体相互协调才能使广场主次分明、特色突出。

3. 多样性原则

城市广场在设计时,除了满足主导功能,还应具有多样性原则,它具体体现在空间表现形式和特点上。例如广场的设施和建筑除了满足功能性原则外,还应与纪念性、艺术性、娱乐性和休闲性并存。

4. 步行化原则

它是城市广场的共享性和良好环境形成的前提。城市广场是为人民逛街、休闲服务的,因此其应具备步行化原则。

5. 生态性原则

城市广场与城市整体的生态环境联系紧密。一方面,城市广场规划的绿地、植物应与该城市特定的生态条件和景观生态特点相吻合;另一方面广场设计要充分考虑本身的生态合理性,趋利避害。

（二）文化活动广场景观的设计原则

城市文化活动广场，是相对于其他广场类型，如集会游行广场、商业广场、休闲广场等功能性比较突出的城市广场，而又划分出的另一种广场类型。

文化活动广场，一般都是与城市中的主要文化建筑相结合进行建设的。其主要的文化建筑，如博物馆、展览馆、图书馆、影剧院、音乐厅、文化活动中心以及具有历史文化意义的场所等。

文化活动广场是以满足和丰富市民进行社会文化生活而设立的，它是集休闲、交流、观演、娱乐以及科普等活动于一体的户外公共空间。文化活动广场的建立，不单代表了一个城市的整体文化面貌，同时也体现了市民关注文化和参与文化活动的时代要求。

城市环境的文化特色，可映照出一个城市的精神面貌，而通过城市居民的生活方式，也可集中体现出这个城市的文明程度。其中，城市居民的生活方式决定了城市生活的品位和城市发展过程中的文化需求形式。对于一个城市的文化发展需求来说，它蕴含了整座城市发展的蓬勃生机，可体现出城市的吸引力和城市的生命力。

针对城市文化活动广场的设计来讲，在设计理念和指导思想上，第一，必须要突出城市文化特色，以城市历史文脉和区域文化特征为出发点；第二，要根据主要文化建筑的使用性质、功能要求、建筑风格以及布局形式等方面进行景观规划；第三，要突出体现群众文化的需求特征，并使其成为广场景观的主轴线；第四，要根据文化活动广场的特殊要求和设计原则形成广场整体设计目标的定位。在此，文化活动广场设计的基本原则包括：地方特色原则、效益兼顾原则、突出文化原则。现分别介绍如下。

第六章 城市景观设计的专项实践

1. 突出地方特色

一个城市的地方特色,应包含两种含义,其一是指地理方面的因素,其二则是指形象与文化方面的因素。

在地理条件方面,城市文化活动广场的设计,必须要突出地方自然特色。即文化活动广场的设立,必须适应本地区的地形、地貌以及气温、气候条件等要求,并在强化地理特征的同时,尽量采用富有地方特色的建筑形式和建筑材料来构建广场景观,进而充分体现各城市中所独具的地方自然特色。例如,在自然环境方面,对于中国北方城市文化活动广场的空间构成而言,应以强调整体环境的日照关系为主,而从中国南方城市文化活动广场的空间组织形式来看,则又要以强调整体环境的遮阳处理效果为主。

在城市形象与文化方面,城市文化活动广场的设计,还必须要突出本地区的社会特色。即结合历代城市的时代需要,突出其人文特征和历史文化。对于一个城市文化活动广场的建设,不但要承继这一城市的历史文脉,适应本地区的民俗风情和文化,突出地方建筑的艺术特色,使其有利于开展富有地方特色的民间文化活动;同时也要避免广场设计形式上的千城一面,进而增强广场形象的凝聚力和吸引力。

例如,杭州西湖文化广场,突出的是现代江南的地域特征,展现的是都市文化与城市艺术的完美融合。而济南泉城广场,则代表的是齐鲁文化的传承和发展,体现的是"山、泉、湖、河"的泉城特色。

2. 效益兼顾

在进行城市文化活动广场的设计时,必须要体现出经济效益、社会效益和环境效益并重的原则。城市文化活动广场的建设是一项系统工程,涉及建筑空间形态、立体环境设施、园林绿化布局、道路交通系统衔接等多个方面。从使用功能的角度来看,城市文化活动广场是市民社会文化生活的聚集中心,既是本地市民的"起居室",又是外来旅游者的"客厅"。从社会需求程度方面来看,城市文化活动广场,是城市中最具公共性、最富艺术感染力,也最能反映现代都市文明魅力的开放空间。

城市文化活动广场的功能取向,具有朝着综合性和多样性不断演化的新趋势。这将会使综合利用城市广场空间,以及合理规划城市广场环境的需求问题日益突出。城市文化活动广场,不仅是城市中重要建筑的集中地,而且还是城市中最具活力的公共活动空间,同时也是城市交通的重要枢纽。因此,对于城市文化活动广场的规划与设计来讲,首先需要建立一套完整的创新理念和设计方法,同时还要通过广场规划的方式体现出社会经济的发展需求,以使文化活动广场的功能取向和社会效益,满足现代城市建设的可持续发展目标。

例如,北京西单文化活动广场,它是一个闹中取静的下沉式广场。可分为地上与地下两个部分,其地上部分为文化广场,地下部分为商业建筑和文化娱乐建筑,如文化商场、电影放映厅、保龄球馆、游泳馆、溜冰场、餐厅以及地下停车场和地铁换乘通道等使用空间。下沉式广场设置于整个场地的中心部位,并通过广场中央的圆锥形玻璃窗,将天光引入地下空间。在广场外围的西南角一侧,为草坪和步行道,以起到组织交通和人流疏导的作用。在广场外围的北侧,设计师还利用地面高差的变化,为公交车站搭建出一个极具人性化的候车空间(图6-31)。

3. 突出文化

城市文化活动广场,是以满足人们社会公共文化活动为主要内容,其主要活动内容大体包括:

(1)以专业或民间团体形式出现的艺术性表演活动。

(2)开展群众性的文化娱乐以及地方性的体育表演活动。

(3)为普及生态环保知识而开展的科普教育主题活动。

(4)为提高全民素质而开展的文化和艺术交流活动。

(5)为丰富市民文化娱乐生活而开展的益智休闲活动。

(6)为提高消费理念而开展的商业文化宣传活动等多方面

第六章 城市景观设计的专项实践

的文化生活。

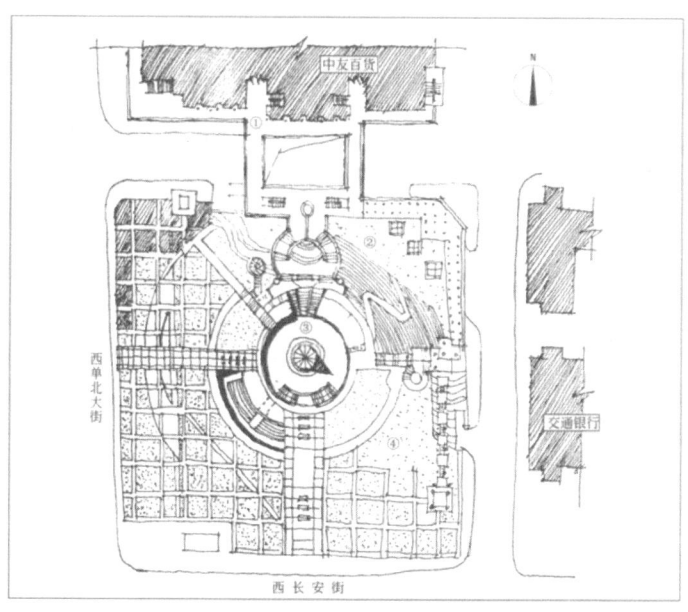

图 6-31 北京西单文化广场平面示意图

文化活动广场,是集文化、学习、娱乐、休闲、交际等活动于一体的开放空间,应使广场环境中的人们能够切实地感受到传统文化的温馨和气息。在文化活动广场的景观文化表现方面,要根据广场空间中主要景观建筑的文化内涵和艺术风格特点等综合因素,来进行文化活动广场景观文化的目标定位,以使各相关景观要素的设计均具有文化的代表性和艺术的典型性。广场文化的体现,虽然要通过某种具象或抽象的形式来表现,但是这种形式和内容都要经过设计师的高度提炼和概括才可形成。因此,只有在广场景观设计中充分结合城市的区域文化、风俗文化以及城市特色等人文因素,才能使广场景观突现出集聚地域性文化的个性化特征。

八、广场景观造型的设计实例

本案例为某历史名城新火车站站前广场景观方案设计。火车站站前广场景观建设是新火车站改扩建工程的配套工程,方案设计范围由站房南、北广场组成。

（一）调查分析

首先对现状进行调查分析。该火车站地区是城市门户，但其整体形象未能充分体现经济发展和历史文化名城的特色。火车站设施已经较为陈旧，交通组织比较混乱，环境质量也有待改善和提高。此外，该地区水系较为丰富，绿化较好，但这一景观资源未得到充分利用。

充分利用现状水系，加强与环城河的联系，并延续城—水格局，是本次景观设计的重点。

用地总面积为63000平方米（图6-32）。

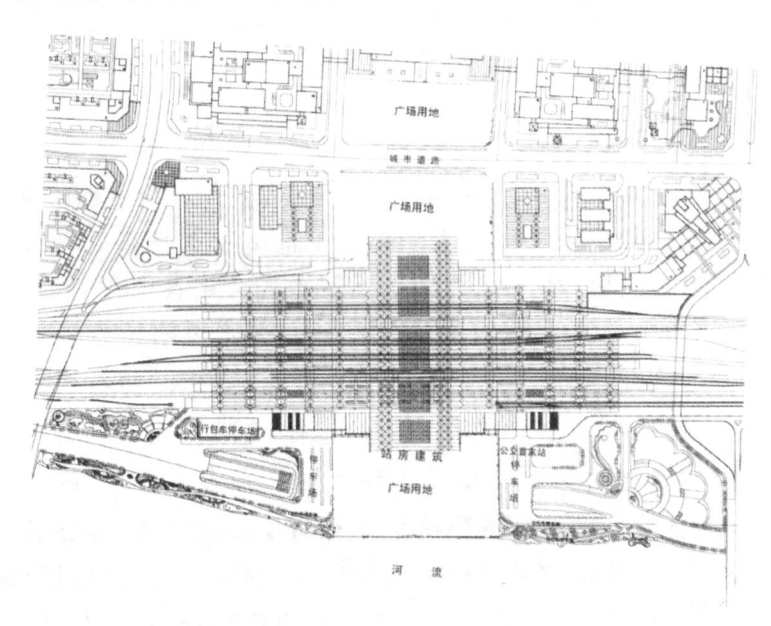

图6-32 广场景观的调查分析

（二）确定设计原则思路

本设计应遵从整体性、生态性、创新性原则，以及布局优化原则。

注重广场景观设计与火车站，以及站前建筑群的呼应和协调。滨水地区的景观设计要充分彰显区段特色,强化广场空间的围合感,形成整体性的景观风貌。

延续城市文脉和肌理,重视开放空间和水系绿地的整合,塑造特色空间。

该区段内人流、物流量都很大,噪声污染严重,城市环境较差。因此,统筹绿化规划布局,合理选择植物种类、种植和方式,形成层次和内容丰富的绿化景观,凸显该市的地方特色和城市个性,同时改善地区生态环境。

广场设计强调以硬质景观为主,方便人流的集散。

(三)确定设计目标

充分把握火车站改造所带来的发展契机,依托站前广场及滨水地区的建设,通过景观的塑造提升城市品位,展示良好的城市门户形象。

(四)功能布局

由于用地面积大,因此根据相关规划和建筑性质,将设计区划分为三个功能板块,分别是景观广场区、交通广场区、休闲广场区。每个板块侧重功能有所不同。

景观广场区位于站房建筑南,是纯步行区域。南临环城河,与河对岸的历史城区遥遥相望,将其定位为展现城市景观特色和火车站风貌的区域。在西南设置两处水上旅游码头,形成水上旅游接待服务中心。

车站旅客主要从北侧而来,因此站房建筑北侧的步行区域设置为交通广场区,未来将主要承担旅客集散功能。

休闲广场区位于交通广场区以北,周边多为商业办公建筑,结合周边建筑功能,为旅客及市民提供休闲的空间。

其他绿化地带为休闲绿地,满足旅客、游客的休闲游憩需要,同时兼顾美化环境和净化空气的功能(图6-33)。

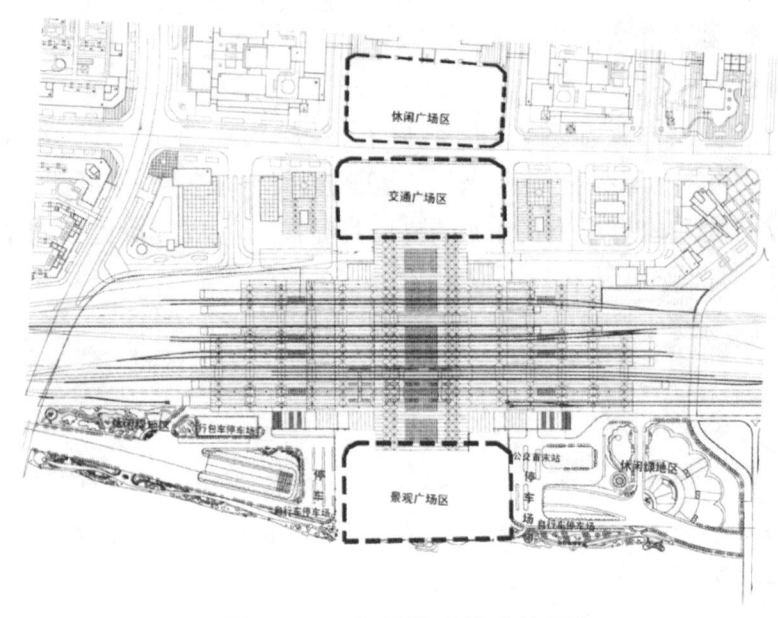

图 6-33　广场景观的功能区

（五）景观结构

景观结构形成"一纵两横、三主两次"的结构。

休闲广场内设置下沉广场，交通广场内设置旱喷，景观广场南端设置滨水展望台，形成三处主要景观节点。两侧休闲绿地人流汇集处形成次要景观节点。

纵向景观轴连接三处主要景观节点，形成本区的景观中心轴线。

结合水上码头、观景台以及次要节点，形成两条次要横向景观轴线，将景观广场和两侧绿地有机联系起来。

一纵两横三条轴线，将五处景观节点连接成景观系统。

第四节 公园景观设计

一、公园功能景区的划分

（一）地形与水体

公园的地形需要根据总体设计而定，要考虑排水、灌溉、植物花卉培植以及其他一系列景观因素。图6-34所示，哈尔滨群力雨洪公园，该公园原有地形地貌与建筑、栈道、观景台、雨水渗透池形成互相协调的整体关系。

图6-34 哈尔滨群力雨洪公园

公园景观中的水体是地形设计的重要组成部分。水体可分为静水和动水两种类型，静水包括湖、池、塘、潭、沼等；动水有瀑布、溪涧、水渠、喷泉、涌泉等。水体中间还可自然形成或人工建造成堤、岛、洲、渚等园内自然景观。图6-35所示为扬州瘦西湖，一泓曲水宛如锦带，如飘如拂，时放时收，较之杭州西湖，另有一种清瘦神韵。

地形的设计可以改善原有的地貌状况，满足不同场地使用功能要求，是同路、种植以及构筑物设计的基础。

图 6-35　扬州瘦西湖

（二）功能划分

功能划分是对每个区域拟定不同的题材而进行统一的规划。功能划分是根据各景区的不同特色，将公园用地按照活动内容进行分区。从不同的使用角度可划分为观赏游览区、文化娱乐区、游人休憩区、儿童游乐区、老人活动区、体育健身区和科普教育区等。

二、公园园路系统布局

公园设计中的道路体系，不仅要考虑到交通运输和人流集中，而且要兼顾分割园内的空间，引导游客游览与观赏。可以说，园路也是联系公园内各景区、各景点的导游线（表6-1）。

表 6-1　公园园路宽度参照

单位：m

园路级别	陆地面积			
	< 2hm^2	2～10hm^2	10～50hm^2	> 50hm^2
主园路	2.5～3.0	2.5～4.5	3.5～5.0	5.0～7.0
支路	1.2～2	2.0～3.5	2.0～3.5	3.5～5.0
小路	0.9～1.2	0.9～2.0	1.2～2.0	1.2～3.0

注：1hm^2=10^{4}m^2

园路一般分为主园路、支路和小路。主园路是联系各景区的道路，要考虑方便游客，与主要出入口相连接，一般呈环形布局，构成园路系统的骨架。支路是景区内连接各景点的通道。小路是景区内通往各景点散步、游玩和抵达的道路。

三、公园的功能分区

公园的功能分区主要有以下几种。

（1）文化娱乐区。文化娱乐区是公园人流比较集中的区域，人们可在此进行丰富多彩的文化、娱乐等活动。主要设施包括露天剧场、影剧院、音乐厅、舞池、溜冰场、展览室、戏水池、茶室、小卖铺、厕所等。

（2）观赏游览区。观赏游览区以观赏、游览和参观为主，在区内进行相对安静的活动。观赏游览区一般选择地形、植被等比较优越的环境来设计布置园景。

（3）安静休息区。安静休息区是供游人休息、学习、交往、等待或其他一些比较安静的活动的场所，如棋弈、气功、太极拳等。该区域一般选择树木茂密、绿草如茵的理想景观环境，如山地、溪边、谷地等。

（4）儿童活动区。主要供儿童开展各类游戏、娱乐、学习等活动。主要活动内容和设施包括游戏场、戏水池、运动场、少年宫、科技馆等。

（5）老人活动区。公园内的老人活动区是使用率最高的场所，许多老年人已养成了早晨在公园晨练，白天在公园休闲，傍晚与家人或朋友在公园散步、谈心的习惯，所以公园中老年人活动的设置是必不可少的。

（6）体育活动区。体育活动区是公园内集中开展体育活动的场所，一般位于公园的一侧，设有专用的出入口，以利于大量观众迅速疏散。体育活动区内可设置篮球场、羽毛球场、网球场、乒乓球台、大众体育场地等。

（7）公园管理区。公园管理区是为公园经营管理的需要而设置的专门区域。内容包括管理办公室、值班室、设备房、仓库、食堂、车库等。

四、综合公园设计

（一）综合公园概述

综合公园是一座城市公园系统中十分重要的组成部分，它是城市居民文化生活中不可或缺的因素之一，它不但为城市提供了大面积的绿地，还具有十分丰富的户外游憩活动内容，适合各个年龄阶段以及职业的居民游赏。它是一个群众性的文化教育、娱乐、休息的公共活动场所，并对城市的面貌、环境的保护、社会中的生活有十分重要的作用。

中央公园的出现，逐渐为近代公园系统的进一步发展打下了坚实的基础。继美国的纽约中央公园之后，世界各国的综合性公园出现雨后春笋般的发展，在短短一个多世纪里就先后落成，如中国的陶然亭公园与越秀公园（图6-36）的发展都在其后。

图 6-36　越秀公园

（二）综合公园的景观设计

在公园设计过程中，充分利用自然景色或人工设计来创造的景色是构成景点的重要方式。园内的各个景点之间相互联系，组成一个景区。公园按照规划设计的意图，能够组成一定范围内的各种景色地段，形成各种风景环境与艺术境界，以此来划分成不

第六章　城市景观设计的专项实践

同的景区,叫作景色分区。主要的景色分区有下列几大类。

1. 按环境感受分

开朗的景观——拥有十分开阔的视野,水面宽广,大片的草坪也能够形成一种开朗的景观,给人一种开阔的感觉,让人倍感舒畅(图6-37)。

图6-37　开朗的景观——湖面

雄伟的景观——主要是利用一些挺拔的植物、陡峭的山形、耸立的建筑等构成一种雄伟庄严的艺术气氛(图6-38)。

图6-38　雄伟的景区——西安大雁塔

安静的景观——主要是利用公园四周相对封闭且中间空旷的环境,形成一个宁静的休息区域,如林间的隙地,山林空谷等区域,在现代城市中有一定规模的公园经常会这样设计,便于游人安宁地休息观赏(图6-39)。

图 6-39　安静的景观——林间小屋

幽深的景观——主要是利用园区内的地形变化，植物的隐蔽、道路的曲折、山石建筑的障隔与联系等，构成一个相对曲折多变的游览空间，营造出一种优雅深邃的艺术境界（图 6-40）。

图 6-40　幽深的景观——林间小路

2. 按材料与地形分

这种划分方式主要是按照不同的造园材料与地形条件为主所构成的景区进行的划分，主要有下列几种类型。

岩石园：主要是利用自然林立的山石或是利用岩洞整理成一种游览的风景区域，如云南石林。

树木园：主要是以浓阴的大树而组成的密林，一方面具有森林的野趣，同时还可以作为障景、背景来加以使用。这种情景主要是以枝叶稀疏的树木来构成一片疏林，能够透过树木看到后面的风景，以此增加风景的层次感，丰富景色，是一种以古树为主要元素构成的风景。在某一个地段环境中重点突出某一种树木的

第六章　城市景观设计的专项实践

构成。如梅园、柳堤（图 6-41）、紫竹院等。

图 6-41　柳堤

用虫、鱼、鸟、兽等一些小动物作为主要的观赏对象的景区，如金鱼池、百鸟馆等。

假山园：采用的是人工叠石，构成一个山林环境区域，如苏州狮子林的湖石假山。

山水园：主要是山石水体之间互相搭配，形成特定的风景。

沼泽园：主要是以沼泽地形为特征而形成的一种自然风光。

花草园：以多种草或花形成的百草园、百花园，重点是突出其中某一种花卉的专类园。如古林公园、牡丹园、芍药园。

3. 按季节特征划分

这种划分方式主要体现在植物四季分明的搭配上，如上海的龙华植物园制作的人工假山园，就是体现在植物四季变化方面，以樱花、桃花、紫荆等为春岛的春色；以石榴、牡丹、紫薇等为夏岛风光；以红枫、槭树的秋岛；以松柏为冬岛的冬景。无锡蠡园的四季亭也是一个比较典型的设计，临水相对，用植物的季相变化衬托出四季不同的特点，垂柳、碧桃突出春景；棕榈、荷花突出夏景；菊花、枫树突出秋景；红梅、天竹、蜡梅突出冬景（图 6-42）。

· 229 ·

图 6-42　无锡蠡园冬景

（三）综合公园的道路设计

公园内的道路设计是一个需要综合考虑的对象。要综合把握道路和景点之间的关系。设计的时候主要考虑下列因素。

主路要能够联系园内的各景区，是主要的风景点与活动设施的重要道路。通过主路可以对园内外的景色加以剪辑，以达到引导游人去欣赏景色的目的。主路是公园内的主要环路，在大型的公园中，主路的宽度通常在 5～7m 之间，中、小型的公园主路宽度多在 2~5m，考虑到会有机动车通行的主路时，其宽度通常要在 4m 以上。

支路主要是设在各景区内的道路，它主要是为了联系各个景点，对主路的功能发挥起到辅助的作用。考虑到游人的需求不同，在园路的设计与布局中，还要为游人从一个景区到另一个景区之间开辟出一条捷径。在大型的公园中，支路的宽度通常在 3.5~5m 之间，中、小型的公园中一般也在 1.2~3.5m 之间。

小路也称游步道，主要是一些深入山间、水际、林中、花丛中供人们漫步游赏的道路。在一些大型的公园中，小路的宽度通常在 1.2~3m 之间，而中、小型的公园中小路宽度多是 0.9~2m 之间。

东西方对园路的布置形式各有不同，西方的园林中多采用规则式的布局，园路笔直宽大，轴线对称，成几何形。中国的园林多以山水为中心，园路多讲究含蓄；但是在庭院、寺庙园林或一些纪念性的园林中，多是用规则式的布局。园路的布置还要考虑下列因素：回环性；疏密适度；因景筑路；曲折性；多样性。

五、主题公园设计

（一）主题公园概述

主题公园又叫主题游乐园、主题乐园，是以特定的内容作为公园的主题，人为地建造出一些和其氛围相符合的民俗、历史、游乐空间，让游人能够切身地感受、参与到特定内容的主题中来的游乐地，是集特定的文化主题内容和相应的游乐设施为一体的游览空间，主题公园的内容能够给人以知识性与趣味性。

主题公园具有很强的商业性，自它诞生之时起就已经充满了十分明显的功利主义色彩，盈利是主题公园能够存在的目的与意义。

主题公园具有明显的虚拟现实性，这是指该种公园的创造是一种复制与拼贴的过程，它复制了一个人们在现实生活中不能实现的幻梦，使人们能够在畅游中获得"超现实"的体验。

主题公园还有信息饱和性与高科技性。这是因为主题公园是一个万花筒，能够包罗万象却不失快乐与风趣。

1989年，香港中旅集团与华侨城集团在深圳投资了"锦绣中华"微缩景区，这是中国主题公园的先河（图6-43）。之后，全国各地迅速掀起主题公园创建的热潮。

图6-43　"锦绣中华"主题公园

（二）主题公园与景观的关系

（1）景观与旅游的关系。主题公园是旅游业发展的产物,是旅游发展的一个重要领域,主题公园与旅游业有着密切的联系,所有主题公园的景观营造必然要以适应人们旅游的行为需求为基础。

（2）景观与产业化的关系。主题公园景观既是旅游资源也是旅游产品的组合,建造主题公园的目的之一就是为了能够取得良好的经济效益,它集旅游观光、餐饮、娱乐、购物等为一体。

（3）景观与参与体验的关系。主题公园的参与性不仅表现在某些活动项目的参与上,而且让旅游者有一种身临其中的感受,主题景观的参与性与体验性包括视觉感知和身心体验两个方面,使游客与园区环境产生共鸣,亲身体验场景所表达的主题含义。所以主题公园区别于其他公园的一大特征就是创造参与和体验的环境景观。

（4）景观与寓教于乐的关系。主题公园的主题选择一般都是以人类文明为来源,具备相当的文化与知识含量,游客在轻松、愉快的游览过程中理解与感受其文化内涵。通过游客的参与给他们带来更多的快乐。

（5）景观与可持续发展的关系。主题性公园的建设应充分考虑其可持续性发展。因此,主题公园的规划设计、生态保护与城市生态一体化设计、游客对休闲娱乐方式的新要求、审美趣味的不断提高等都是主题公园能否可持续发展要考虑的因素。

（三）主题公园景观特色营造

（1）公园主题的定位。主题公园需要有一个鲜明的主题自始至终地贯穿全园,主题的独特性是主题公园成功的基石,主题的定位对主题公园景观设计具有决定性的作用。

（2）主题景观的营造。主题景观是通过景观形式所表达的

第六章　城市景观设计的专项实践

园区主题形象。主要通过园区的空间布局、景观建筑的结构、外部形象的造型、植物造景等手段来表达园区的主题思想。通过直觉、联想、想象、情感体验等方法使旅游者深入感受。

（3）景观的个性化表现。主题公园尽管有着明确的主题，但选择何种造型才能鲜明地表达主题这点非常重要，只有突出个性化特征的表现才会使旅游者留下深刻的印象。

（四）主题公园的类型

根据当今世界城市公园的开发类型，主题性城市公园大致分为以下几类。

（1）著作再现型。以名著或经典著作、卡通动画等为原型，在原型的基础上，通过想象力的创造，将其形象和重要情境再现出来。如上海的大观园、太湖三国城等。

（2）历史再现型。以重要历史事件、历史遗址、历史人物、历史故事等重要情节为蓝本形成场景再现历史面貌，如南京的雨花台烈士陵园、宝船公园，北京的圆明园。

（3）名胜微缩型。将世界各地的名胜古迹、建筑、风景按一定比例缩小，以微缩景观的形式整体展现当地的风貌。如深圳的锦绣中华公园、北京的世界公园等。

（4）民族风情型。以模拟民族风情和生活场景为主题，让游客参与其中，亲身感受不同民族人们的生活，通过歌舞表演、民俗仪式的展示、生活场景的再现使主题更加突出。如深圳的中国民俗文化村、昆明的云南民俗村。

（5）文化艺术型。以各种文化类型进行主题公园的创意，如影视文化、体育文化、雕塑、绘画、书法艺术等。游客通过游览电影拍摄场景、参观体育设施、欣赏艺术作品，使他们的审美水平和艺术修养得以提高，如美国的好莱坞影城迪士尼公园、挪威的维格朗雕塑公园等。

（6）自然生态型。以自然界中的自然风貌、地质特征、动植物为主要构成元素创建主题公园。例如张家界国家森林公园、香港的海洋公园、南京中山陵植物园、南京绿博园、波特利姆野生动物园、杭州西溪湿地公园等。

（五）主题公园的设计要领

1. 主题选择要准确

主题公园能否成功，关键是其主题选择方面是否准确，其中需要注意题材的新鲜感与创造性。通常要从三个方面来加以考虑。

（1）公园所在的城市地位、性质、历史。一个城市的地位与性质决定了该城市发展主题公园是否会吸引充足的旅游群体，这就决定了该公园能否持续、健康发展。如北京是全国政治文化中心；云南具有独具特色的民族风情；大连是海滨城市，建造的"海洋公园"能够招徕大量游人（图6-44）等。

图6-44　大连海洋主题公园

（2）抓住人们心理游赏的需求，与实际条件相结合进行主题选择。游人的心理需求促使主题项目经常更新，具有一定的刺激性、冒险性，所以主题公园的主题要有创意、与众不同。如中华恐龙园紧抓"恐龙"这一科学性主题，满足了游客的好奇心（图6-45）。

（3）注重参与性内容。参与性是主题公园规划设计时应重点考虑的因素之一。随着生活节奏的加快，青少年游客更喜欢参与性强、互动性强的游乐，这成为主题公园发展的方向。如迪士尼乐园等。

图 6-45　中华恐龙园

2. 主题景观创意要新颖

公园的主题需要借助景观进行表达，所以园内景观设计极为重要。现代的主题公园景观设计，主要是围绕动态景观与动静结合来设计的。

（1）动态景观的设计。公园内的静态景观在建成之后具有一定的稳定性，后续的可塑空间十分有限，但是动态景观的设计却不同，它可以随着专业人员的主观意志来改变原有的造型，不断得到开发与更新。

（2）动静结合的景观。在我国早期建造的主题公园大多景观是静景，游客在其中也仅仅是纯观光型的游玩，易产生乏味之感。所以，当前在建造主题公园时就要考虑其布局上的动静结合，纯粹的静态景观要注重它的实用性，并预留出后期的改造空间。而那些已经建好的静态主题公园，可以适当地对园中的静态景观加以改造，设法融入一些动态的元素。

六、综合公园景观造型设计案例

综合公园占地面积大，使用人数多，使用者年龄跨度大，设施设备比较完整。其功能也最为复杂，主要功能包括休闲、观景、生态环保、娱乐、文化传播、游戏、游玩、教育、体育运动等，附属功能包括餐饮、厕所、救助、管理、停车等。在公园体系中，综合公园等级高于社区公园，其服务半径覆盖整个城市或者整个区。

大型综合性公园一般包括休息餐饮区、游戏娱乐区、儿童活动区、管理区、植被绿化区等。

必备的设施主要有公园管理建筑、游乐设施、文化设施（博物馆、画廊等）、体育设施、餐饮设施、休息设施、环卫设施、公园指示和标识设施、停车场等。

（一）调查分析

本案例为长江边上一处公园，总面积约 20hm^2。经过与委托方交流，确定公园性质为综合性公园，满足周边居民日常休闲、游憩需求，同时该公园应体现文化特色，建造一条民俗文化老街，进行民俗文化用品的制造和买卖。

确定委托方意图后，进行现场调研，并按照地形图制作了基地高程等级图、坡度等级图。基地东临城市干道，西靠长江，总体呈不规则梯形。地块地形基本平坦，西南侧和西北侧有凸起的石山。基地西部 1/3 位于长江防波堤之外，地面均为江砂。基地中部为废弃的村落，建筑基本没有保留价值。基地东部地势低洼，有池塘和植被（图 6-46）。

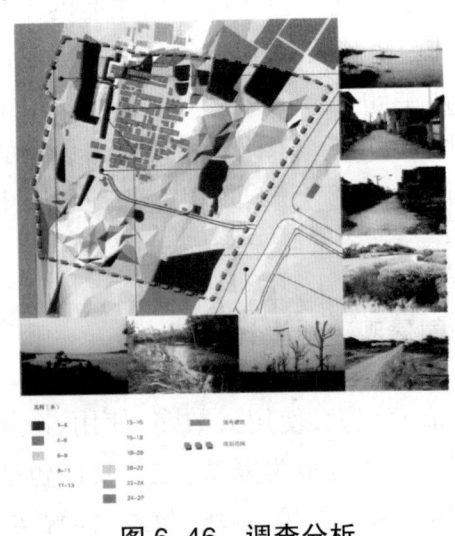

图 6-46 调查分析

第六章　城市景观设计的专项实践

根据地块条件，制作建设条件分析图。长江防波堤之外不具备建设条件，故划分为滨江非建筑区。地块东侧道路红线后退15m范围内为城市绿线范围，为非建筑区。凸起的石山坡度较陡，为坡地非建筑区。其他为可建设区（图6-47）。

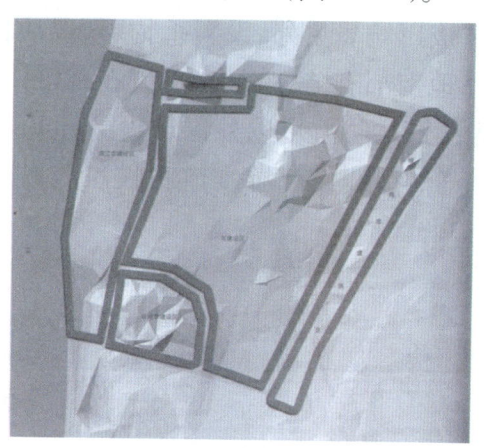

图6-47　建设条件分析图

（二）确定功能布局

根据地块条件和委托方意图，规划8个功能区。

入口与服务区位于该基地的东侧偏北，紧靠城市道路，主要承接从北向南而来的人流。该区包括主入口、临街商铺、售票点、停车场和接待服务大厅。

基地东侧临道路的部分和北侧，布置绿化隔离区，通过高密度绿化降低周边道路和建筑对公园的干扰。

入口与服务区以西为老街文化区，布置步行一条街，主要进行文化制品、民俗工艺品、当地特色食品原材料的销售和制作。内部设置当地小吃食肆。

基地中部偏东南布置园林会所配套设施区，主要提供餐饮、住宿、会议服务。主体建筑为西北、东南走向，目的是使房间尽量朝向西边的长江，实现视野的开阔。园林会所配套设施区东南临道路处布置次入口。

园林会所配套设施区西侧布置户外主题休闲娱乐区,主要为以观赏为主要功能的四季性花卉主题园,方便会所和老街利用者用餐后或者购物后休闲散步。通过景观河道将园林会所配套设施区、户外休闲娱乐区与老街入口区隔开,从而避免老街游人过多对会所环境造成影响。另外,设置垂钓、划船项目,形成水主题文化休闲区。基地南部有陡坡石山,可以在林区山上最高点设置茶室,可以观赏江景。防波堤以外区域设置建构物,江边布置栈桥码头,江面游览沿岸线设置游步道和临江广场,形成码头区和滨沮绿化散步区(图 6-48)。

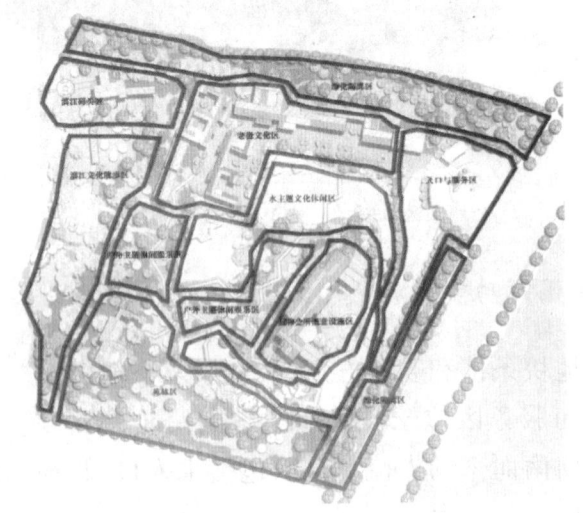

图 6-48　确定功能布局

(三) 确定游线布局

主入口至步行一条街、次入口至园林会所建筑,形成主要人流线路。其他次要人流线路贯穿各个功能区(图 6-49)。

第六章 城市景观设计的专项实践

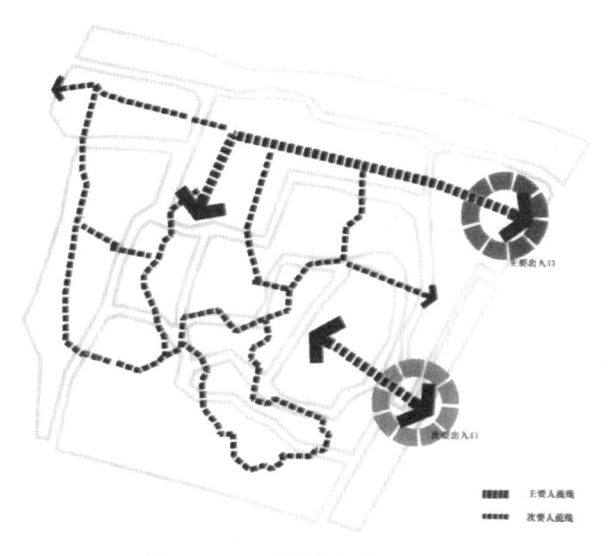

图 6-49 结构与游线图

（四）确定方案

图 6-50 方案平面图

第五节　滨水景观设计

一、我国城市滨水景观现状分析

近年来,随着我国经济的发展,城市建设步伐的加快,片面追求政绩和经济效益的现象,造成了生态环境的严重破坏,再加上我国在城市生态研究上起步较晚,城市生态建设较为薄弱。突出表现在城市河流流域的生态质量降低,城市水陆生态失衡,主要表现在以下方面。

(一)河流生态资源破坏严重

许多城市将工业、生活废水直接排入城市河流,引起河水富营养化和重金属污染等,严重破坏了动植物赖以生存的水环境,大大降低了城市生态的质量。由于城市用地盲目拓展与人们生态意识淡薄,河流周边的水系有许多被另辟他用,其中尤以内河湿地的减少最为突出。这直接影响到河流发挥生态效应的能力。在水体遭到污染、环境遭到破坏之后,滨水植物群落所赖以栖息的环境场所不复存在,直接威胁到河流生物资源的稳定。另外,城市的大规模无序建设也间接地摧毁了原来稳定的生态平衡。

(二)城市滨水生态用地缺乏

随着城市河流景观价值的挖掘,城市滨河土地开发的强度虽不断加大,但却主要追求眼前的经济效益,以居住和商业办公开发为主,很少有真正从城市生态结构和河流生态出发而设置的生态绿地。最终导致城市河流两岸的地表硬质化程度很高,实际生态效能却很低,从而更加剧了河流生态质量的下降。

第六章 城市景观设计的专项实践

（三）河流整治的生态化考虑不足

近年来，首先，我国许多城市开展了城市河流治理工作，但大多数都是做表面文章，河流整治的目标没有体现生态要求，未能从河流自然生态过程考虑，制定相应的整治措施。其次，河流治理的技术手段和生态科学性研究还较落后，从而并未能对改善河流生态发挥真正作用。再次，城市滨水绿地系统建设也缺乏生态设计，在植被的适应性、层次性、多样性等方面都缺乏整体性考虑。

二、城市滨水景观设计要领

（一）滨水与自然环境的融合

水作为自然资源被保留在江、河、湖、海、湿地、沟渠、土壤、地下等"容器"或物质中，而水又是流动的，它的形体是多变的。一个自然地表水系并不仅仅是一个线性的结构，它就像一个枝繁叶茂的大树，有着众多的分枝与根系。城市中纵横交错的水网都需要足够的空间来适应水流的变化，同时，也为滨水流域的动植物提供丰富的生存场所。因此，滨水景观设计的对象不仅是滨水的界面，而且还包括复杂的滨水空间和岸线系统。

中国的大多数城市人口密度较高，在城市建设的过程中，应遵循将城市与景观高度融合的空间发展模式。在我国经济较发达的东南部地区，水网密布，其工业、农业和城市的发展与水文因素紧密地联系在一起，为了保障城市的可持续发展，水体和滨水是城市景观规划中的重要因素。保证城市良好的水资源，对城市经济建设与开发具有多元的价值，城市的发展既需要保持安全的水位，又需尽可能地保留足够的、洁净的地表水，以保持生态的平衡。滨水设计的首要作用在于保持尽量多的水体在地表。滨水设计是一个综合复杂的过程，在对重要的资料如水文、土壤、滨水生态状况，交通和各项设施的规划，以及经济发展的可行性等有了充分了解后,还需综合考虑地表水的容量和面积、自然净水的能力、生态水岸等各方面因素,形成一个综合的设计方案,以实现城市与景观的真正融合。

（二）滨水景观设计时尽量突出特色魅力

河流的魅力可以分为两个方面,即河流本身及其滨水区特征所具有的魅力,以及与河流的亲水活动所产生的魅力。从河流滨水的构成要素来看,这些魅力主要包括了河流的分流和汇合点,河中的岛屿、沙洲,富有变化的河岸线和河流两岸的开放空间（图6-51）,河流从上游到下游沿岸营造出的丰富的自然景观,还有河中生动有趣的倒影。沿河滨水区所构筑的建筑物、文物古迹、街道景观以及传统文化,都显现出历史文化和民俗风情所具有的魅力（图6-52）。河水孕育了万物,是生命的源泉,充满活力的水中生物表现出生命的魅力。河流滋润了河中及两岸滨水的绿色植物,不同的树木和水生植物表现出丰富的美感,营造出无限的自然风光,是河流滨水区最具魅力的关键要素。当人类在滨水区从事生产、生活、休闲娱乐时,滨水区的魅力从人们愉悦的表情中充分体现出来;人们那种愉悦的表情,各种活动的本身和其他魅力要素构成了滨水带场所精神的全部,也是人们感受到河流魅力的重要原因。

图6-51 瑞士琉森小镇

第六章 城市景观设计的专项实践

图 6-52　西塘水乡风貌

（三）对滨水区所具有的价值进行重新评价

城市中的大多数滨水区不仅有着丰富的自然资源，具有优美怡人的景观环境，而且成为市民向往的休闲娱乐场所，它与周边的自然环境、街道景观、建筑物构成有机的整体，并对当地的文化、风土人情的形成产生重大影响。因此，我们需要对滨水区所具有的价值进行重新评价，这对具有多种功能的滨水区用地结构的规划和更新有着重要的现实意义。

（四）滨水景观设计要突出人文特色

当今科学技术和信息化技术影响到人类社会生产生活的方方面面，它给人类社会带来的进步与发展有目共睹；但科学技术与信息技术全球化的结果却大大推进了场所的均质化，均质化的象征就是"标准化""基准化""效率化"。作为城市整顿建设的目标，千城一面成为市民对我国城市建设的善意评价，城市化的进程使得人类正在遮掩体现生命力的痕迹。

在全球化的今天，学术界谈论最多的是民族性、地域性和个性化，作为城市环境的个性特色，它包含了自然景观的特色，历史的个性，人为形成的个性，这些个性特色是构成滨水区景观特色的要素。例如：南京秦淮河滨水区石头城公园（图 6-53），是秦淮河滨水区的其中一段，沿河一侧环绕着具有几百年历史的明城

· 243 ·

墙，这些遗迹充分展现了历史的特色与价值，而由特殊的地形地貌所形成的人脸造型又赋予了滨水区更多的传奇故事和人们的想象，形成一种特有的景观特色。如何将滨水环境特色反映在景观的规划设计中，是设计师需要研究的重点。

图 6-53　南京石头城公园

三、城市滨水景观的亲水设计

（一）影响亲水活动的因素

人类具有亲水的天性，环境特征及其设施对人类亲水性活动产生重要的影响，影响因素主要体现在以下几个方面。

（1）亲水性活动与地域性的关系：不同地域的水环境是有差异的，海滨城市的亲水活动和江南水乡城市的亲水活动有许多的不同。

（2）河道的形态对亲水活动的影响：有的河道水位升降不大，护坡呈自然形态，护岸边坡坡度平缓，人和水面很容易亲近；而有的河道需要排洪和泄洪的功能，应季节的关系水位落差非常大，它的护坡需人为地修建防洪堤和防洪墙，以保证河流两岸市民的安全，人们的亲水活动必须通过人工修建的设施才能进行。

（3）水质和流量对亲水活动的影响。清澈见底的水质很容易吸引人们的游憩活动，水的流量和流速会对人的安全产生影响，也就会影响到人们进行亲水活动的可能性。

(4)河流的生态性与亲水活动的关系。河流生态保持的好坏直接影响到河水的水质和河流景观的多样性、丰富性。

(5)景观特征与亲水活动。滨水空间的丰富性、开放性,自然的、人工的景观等构成了河流景观的主要要素,这些构成要素组成了滨水区河流的整体景观效果,这些景观对吸引人们进行亲水活动发挥了重要的作用。

（二）亲水活动的类型

为了能有效地将亲水设施导入适宜的河流环境中,首先应将亲水活动的类型进行分类,在此基础上做进一步的详细划分,这不仅可以有效地将以亲水活动为中心的河流及特征和需求反映在规划中,而且还可以进一步地突出从场所利用角度考虑空间的特征。同时,亲水活动类型的划分使得规划本身目标更明确。从亲水活动类型来分主要有以下类型。

(1)休闲散步型。老人、情侣、游客在悠闲地散步、座谈等。

(2)户外活动型。在河边放风筝、垂钓、游泳等。

(3)集会型。赛龙舟,水上音乐会、灯火晚会等。

(4)休闲运动型。划船、赛艇比赛等。

不同年龄层次的人对亲水活动类型的要求是有差别的,人们在滨水区的亲水活动有时是多方面的、综合性的,这些也是亲水设施导入需要关注的问题。

（三）滨水区亲水设施的设计

亲水设施的设计首先要有效利用现已形成的河流形态及特征,创造能体现地域文化特色的滨水景观。设置亲水设施的前提是对安全的思考、舒适性的关注、地域性及文化性的体现、规划中的合理性、河流工程学方面的合理性、建造的经济性和以后管理的便利性等方面因素的综合考虑。以下仅对其中几种进行论述。

1. 设施的安全性

亲水设施的设计位置原则上不在水位较深、流速较大的地段及有潜在危险的地方设置。如果需要设置,必须采取相应的安全措施。对于河堤较陡、护坡较高的地方应设置坡道和阶梯,并尽量使用防滑铺装材料。在河道存在危险的地段可以采用灌木植栽进行隔离的方法。亲水活动区域尽量设在河水较浅、水流较缓的地段。

2. 设施的舒适性

在进行亲水设施设计时,人性化的关注是设计的重点,设计的设施应该具有安全性和舒适性,从视觉上令人产生使用的欲望。要充分考虑河流区域中可能发生的种种现象,如水位的涨落、泥沙的淤积、水生植物的生长、设施的材料是否经得住日晒雨淋、设施结构的牢固性等因素。另外,还应该考虑老人、儿童、残疾人等特殊人群的需求(图 6-54)。

图 6-54　亲水平台

亲水设施应根据场所的特点和亲水活动的行为方式,考虑护岸的坡度,踏步的高度和踏面尺寸、护栏、扶手、表面的装饰,使用的材质,散步道的线性、宽度等因素。在河道水流较为平缓的地段通常设计人工平台设施,可以将平台伸入水中,这样使人更加感受到水面的开阔,增强了亲水性,这种人工平台也适合与游船码头设计相结合。

3. 景观设计的合理性

亲水设施的营造是在自然环境中增添人类的聪明才智,我们对城市滨水景观的开发,并不是在做河流区域平面的、表面的文章。而应该将这些自然因素看作贯穿表现自然的、河流的物理变化的特性,反映城市社会历史、文化的特质及河流区域发展、演变过程的景观。

随着时间的推移,河流也因自然界的变化而不断地改变着自己的面貌,而人们对河流的认识,也会随着社会的发展不断地发生变化。为了能使这种文脉不断传承,充分体现民族特色和表现地域性文化,并将其形象地体现在亲水设施的规划设计中,需要对形象和素材的选择进行认真的思考。

4. 亲水设施的维护管理

要想使城市滨水景观可持续发展,亲水设施的维护与管理也是重要的方面,除了需要管理部门日常加强管理和维护以外,更需要城市市民的爱护。

5. 河流工程学方面的合理性

城市滨水区景观设计必须符合河流工程学方面的要求,景观设施不得对堤防安全造成影响和威胁;应尽量不在河道的狭窄处、河水冲刷强烈的部位、支流的分(合)处以及河流状况不稳定的地方、河水较深和流速较大的地方、拦河坝及水闸等河流管理设施的附近设置亲水设施。

四、滨水景观生态化设计

(一)滨水景观生态化设计的方法

1. 生态化设计的工作方法

主要是针对规划设计红线内,场地基本认知的描述,一般采用麦克哈格的"千层饼"模式，以垂直分层的方法，从所掌握的文字、数据、图纸等技术资料中，提炼出有价值的分类信息。具体的技术手段包括历史资料与气象、水文地质及人文社会经济统计资料；应用地理信息系统（GIS），建立景观数字化表达系统，包括地形、地物、水文、植被、土地利用状况等；现场考察和体验的文字描述和照片图像资料。

2. 过程分析

这是生态化设计中比较关键的一环。在城市河流景观设计中，主要关注的是与河流城市段流域系统的各种生态服务功能，大体包括非生物自然过程，有水文过程、洪水过程等；生物过程，有生物的栖息过程、水平空间运动过程等，与区域生物多样性保护有关的过程；人文过程，有场地的城市扩张、文化和演变历史、遗产与文化景观体验、视觉感知、市民日常通勤及游憩等过程。过程分析为河流景观生态策略的制定打下了科学基础，明确了问题研究的方向。

3. 现状评价

以过程分析的成果为标准，对场地生态系统服务功能的状况进行评价，研究现状景观的成因，及对于景观生态安全格局的利害关系。评价结果给景观改造方案的提出提供了直接依据。

4. 模式比选

生态化设计方案的取得不是一个简单直接的过程。针对现状景观评价结果，首先要建立一个利于景观生态安全，又能促进城市向既定方向发展的景观格局。在当前城市河流生态基础普遍薄弱，而且面临诸多挑战的前提下，要实现城河双赢的局面，就要求在设计上应采取多种模式比选的工作方式，衡量各方面利弊因素。

5. 景观评估

在多方案模式比选的基础上，以城市河流的自然、生物和人文三大过程为条件,对各方案的景观影响程度进行评估。评估的目的是便于在景观决策时,选择与开发计划相适应的比选的工作方式,这可以为最终的方案设计树立框架。

6. 景观策略

在项目设计中,则根据前期模式制定性条件,提出针对具体问题的景观策略和措施,由此可以最终形成实施性的完整方案。

以上六步工作方法是渐进式的推理过程,其中每一步骤的完成都能产生阶段化的成果,即使没有最终的实施策略,之前的阶段成果也能为城市河流景观的生态化战略提供指导性的建议。

（二）滨水绿地设计

城市滨水绿地的景物构成和自然滨水绿地之间存在着共同之处。但是,城市滨水绿地并不是对自然的滨水绿地进行的不合理模拟。对于现代城市滨水绿地的景观来说,就仅对其构成的要素而言,除了构成滨水景观的多种因素如水面、河床、护岸物质之外,还包括了人的活动及其感受等主观性因素。

城市段的滨水绿地形式较多,应依据其具体的情况对其要素进行合理的布置,下面以临近市区或市区内比较安静的滨水绿地为例加以论述。

这种滨水绿地的面积通常较大,居民在日常生活中利用也较多,它能为居民提供散步、健身等多种文化休闲娱乐功能。这类滨水绿地的构成要素有草坪广场、乔灌木、座椅、亲水平台、小亭子、洗手间、饮水处、踏步、坡道、小卖店、食堂等。在绿地要素的配置上还要注意下列问题。

（1）应让堤防背水面的踏步和堤内侧的生活道路之间相互衔接。

（2）散步道的设计要有效地利用堤防岸边侧乔木的树荫,设计成曲折、蜿蜒状。同时,在景观效果相对较好的地方设置适当的间隔来安置座椅。

（3）设计一个防止游人跌落入水中的措施。

（4）在低水护岸部位以及接近水面的地方设置一个亲水平台，以满足游人亲近水面的需求。

（5）应尽可能地让堤防迎水面的缓斜坡护岸在坡度上有一定的变化，并铺植一些草坪。以防景观太过于单调，并适当地增加一些使用功能（图6-55）。

图6-55　滨水绿地设计效果图

（三）城市滨水驳岸生态化设计

人类各种无休止的建造活动，造成自然环境的大量破坏。人们更加关注的是，经济的增长和技术的进步。然而，当事物的基本形态有所改变时，人们的价值观也会发生变化。为了保护我们的生存环境，我们应该抛弃所谓的"完美主义"，对人为的建造应控制在最低限度内，对人为改造的地方应设法在生态环境上进行补偿设计，使滨水自然景观设计理念真正运用在设计实践中。

建设自然型城市的理念落实在城市滨水区的建设中，对河道驳岸的设计处理十分重要。为了保证河流的自然生态，在护岸设计上的具体措施如下。

1. 植栽的护岸作用

利用植栽护岸施工，称为"生物学河川施工法"。在河床较浅、水流较缓的河岸，可以种植一些水生植物，在岸边可以多种柳树。这种植物不仅可以起到巩固泥沙的作用，而且树木长大后，在岸边形成蔽日的树荫,可以控制水草的过度繁茂生长和减缓水温的上升,为鱼类的生长和繁殖创造良好的自然条件(图6-56)。

图6-56 植栽护岸

2. 石材的护岸作用

城市滨水河流一般处于人口较密集的地段,对河流水位的控制及堤岸的安全性考虑十分重要。因此,采用石材和混凝土护岸是当前较为常用的施工方法。这种方法既有它的优点,也有它的缺陷,因此在这样的护岸施工中,应采取各种相应的措施,如栽种野草,以淡化人工构造物的生硬感。对石砌护岸表面,有意识地做出凹凸,这样的肌理给人以亲切感,砌石的进出,可以消除人工构造物特有的棱角。在水流不是很湍急的流域,可以采用干砌石护岸,这样可以给一些植物和动物留有生存的栖息地(图6-57)。

图6-57 人工垂直驳岸

五、滨水景观设计实例

本案例为沿长江某区域中心城市新区的滨水区规划。该城市为国家历史文化名城,风景旅游城市,具有良好的自然资源和人文资源。其新区核心区南侧为谷阳湖,是由水库形成的人工湖。本案例规划区域以滨湖景观为特色,总面积近400hm²(图6-58)。

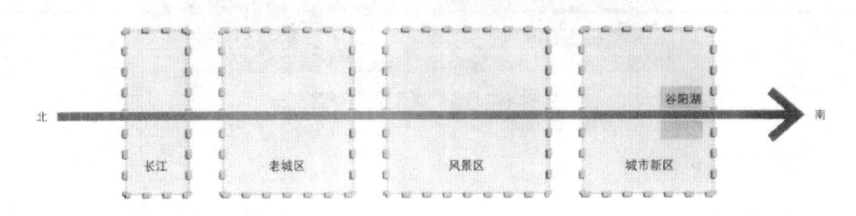

图6-58 滨水区与城市关系图

(一)调查分析

现状用地主要由水体、湿地、荒地、农民菜地等自然性状态土地组成。西侧有较为集中的村落住宅。大坝和相关设施集中在东侧。湖中半岛突出在水中。

区内基本为步行小道,缺乏系统的道路。

规划区现状水体水质较好,四周具有开阔的天际线和自然性岸线,野生植被丰富,向西直接看到长山山脉。人口密度低,建设基础良好。大坝是重要的景观要素,必须予以合理的改造。

在现状调查的基础上,制作土地利用现状图、高程、坡度、坡向分级图(图6-59)。这些图纸能使设计者直观地把握地块状况(图6-60)。

第六章　城市景观设计的专项实践

图 6-59　滨水区现状坡向图

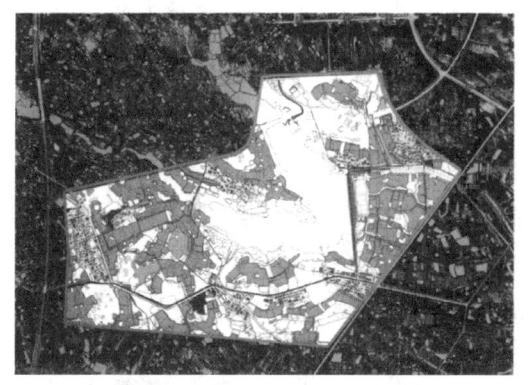

图 6-60　滨水区土地利用现状图

（二）确定滨水区的功能

经过与委托方协商，以及对周边城区需求的分析，确定滨水区功能为展现新区风貌形象的窗口，集居住、游憩、休闲、文化、展示功能为一体。具体功能为：

（1）城市次中心的重要组成部分，城市发展的节点。

（2）完善新区中心区功能的主要板块，推进城市建设的重要环节。

（3）区域内重要的居住、休闲基地，以滨湖为特点的城市文化展示中心。

（三）确定功能布局

根据现状地形地貌特点和相关规划，划分为四个功能区：低密度居住区、休闲娱乐区、公园区和文化展示公建区。

低密度居住区位于规划区西侧，以高品质的别墅和花园洋房为物业特色。

休闲娱乐区位于湖中半岛，以餐饮、度假、休闲、艺术、娱乐、商业功能为主，是区域性的文化、休闲娱乐中心。

文化展示公建区位于规划区北端，北接城市行政核心区，主要布置文化、展示、娱乐、酒店等公共建筑，同时兼顾商业、办公、金融、管理功能。

公园区位于谷阳湖东侧和南侧，这里环境幽静、景观视野开阔，规划湿地游憩公园和体育运动公园两部分。湿地游憩公园以儿童游憩、湿地植物展示和培育为主要功能，体育运动公园以综合性体育运动为特色的公园（图6-61）。

图 6-61　确定功能布局

（四）确定景观结构

以环湖岸线和中心景观轴线为依托，形成扇形的混合公建区、三纵一横的空间轴线和三个空间核心。

扇形混合公建区：以城市行政核心区为依托，在湖北侧形成以文化展示为主的混合公共建筑带,有助于带动区块的滚动开发。

三纵一横的空间轴线:以纵向绿化景观轴为依托,形成纵向空间主轴。以文化展示公建区建筑群沿次干道形成两条纵向空间次轴。湖南岸公共区域形成横向空间轴线。

三个空间核心:根据空间、景观和人流聚集方向,确定商业服务区、公建区湖滨拓展空间和体育运动中心三个核心空间(图6-62)。

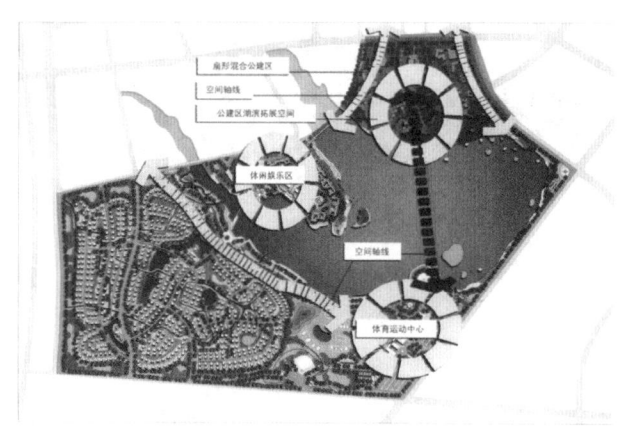

图 6-62 滨水区景观结构图

(五)确定总体方案

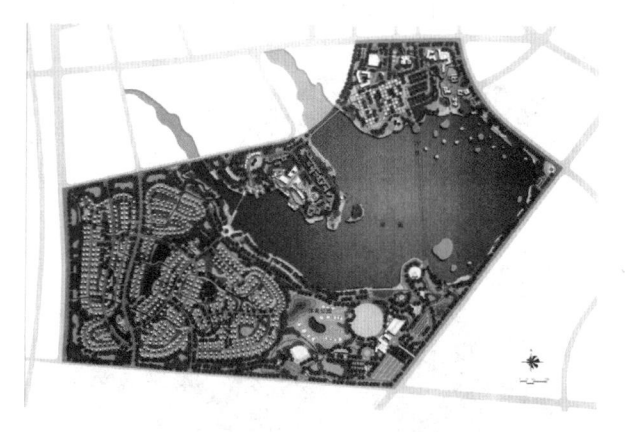

图 6-63 滨水区景观总体方案

（六）详细设计

1. 休闲娱乐区设计

休闲娱乐区所在湖中半岛，拥有滨水区最好的景观资源，可以满足周边休闲娱乐需求，见图 6-64。规划设施为商业中心、度假宾馆、餐饮、酒吧、艺术村、游艇码头。

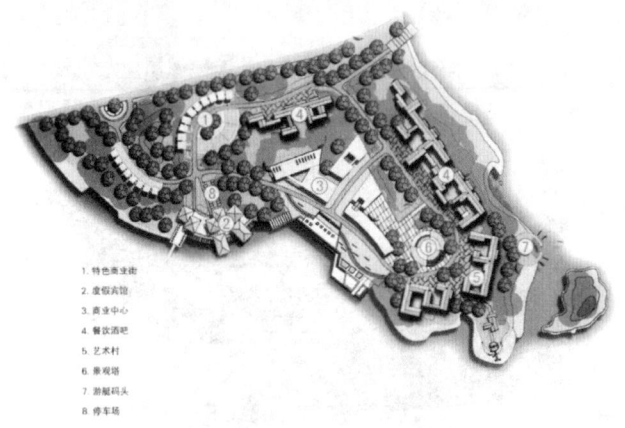

1. 特色商业街
2. 度假宾馆
3. 商业中心
4. 餐饮酒吧
5. 艺术村
6. 景观塔
7. 游艇码头
8. 停车场

图 6-64　休闲娱乐区设计

2. 低密度居住区详细设计

低密度居住区以多层花园洋房、联排别墅为主。南、北各有一处会所，湖水引入小区内，做到风景入户、曲水流觞，见图 6-65。

1. 北主入口
2. 南主入口
3. 社区北会所
4. 社区南会所

图 6-65　低密度居住区

第六章　城市景观设计的专项实践

3. 体育运动公园设计

体育运动公园拥有大面积的绿地和开阔的景观视野,是滨水区的绿肺,见图6-66。主要入口布置在东侧靠城市道路处,配置大规模停车场。内部配置体育馆、管理中心、各类球场、运动草坪。

图 6-66　体育运动公园设计

4. 临湖岸线设计

临湖岸线尽量采用自然性设计手法,不设置硬质驳岸,而是采取缓坡入水的手法,在个别人流汇集处设置亲水台阶,在湖边5~10m处设置沿湖步行道,见图6-67。

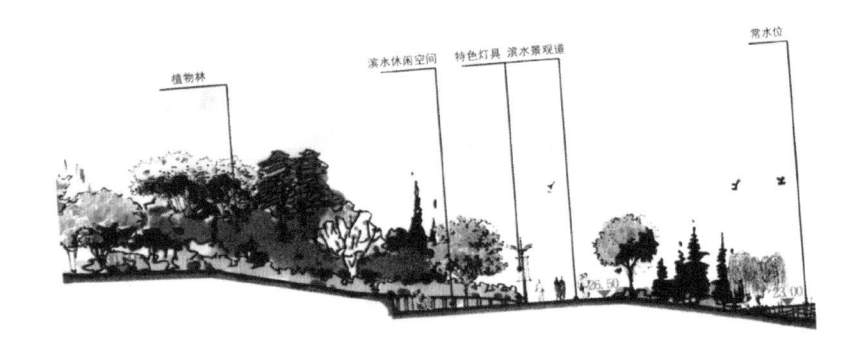

图 6-67 临湖岸线设计

参考文献

[1][美]罗特(Rottle,N.),[美]尤科姆(Yocom,K.)著;樊璐译.生态景观设计[M].大连:大连理工大学出版社,2014.

[2]曹福存,赵彬彬.景观设计[M].北京:中国轻工业出版社,2014.

[3]戴天兴.城市环境生态学[M].北京:中国建材工业出版社,2004.

[4]董君.别墅庭院设计[M].北京:中国林业出版社,2013.

[5]董晓华.园林规划设计[M].北京:高等教育出版社,2005.

[6]付军.城市绿地设计[M].北京:化学工业出版社,2009.

[7]公伟,武慧兰.景观设计基础与原理[M].北京:中国水利水电出版社,2013.

[8]龚立君.城市景观设计教程[M].北京:中国建筑工业出版社,2007.

[9]过伟敏,史明.城市景观艺术设计[M].南京:东南大学出版社,2011.

[10]黄春华.环境景观设计原理[M].长沙:湖南大学出版社,2010.

[11]姜虹.城市景观设计概论[M].北京:化学工业出版社,2017.

[12]孔祥峰.城市绿地系统规划与设计[M].北京:化学工业出版社,2009.

[13]李敏.城市绿地系统规划[M].北京:中国建筑工业出版

社,2008.

[14] 蔺宝钢,吕小辉,何泉.环境景观设计[M].武汉:华中科技大学出版社,2007.

[15] 刘福智.园林景观规划与设计[M].北京:机械工业出版社,2011.

[16] 刘颂,刘滨谊,温全平.城市绿地系统规划[M].北京:中国建筑工业出版社,2011.

[17] 刘扬.城市公园规划设计[M].北京:化学工业出版社,2010.

[18] 任福田.城市道路规划与设计[M].北京:中国建筑工业出版社,1998.

[19] 邵力民.景观设计[M].北京:中国电力出版社,2009.

[20] 孙鸣春,周维娜.城市景观设计[M].西安:西安交通大学出版社,2007.

[21] 屠苏莉,丁金华.城市景观规划设计[M].北京:化学工业出版社,2013.

[22] 王其钧.城市景观设计[M].北京:机械工业出版社,2011.

[23] 王绍增.城市绿地规划[M].北京:中国农业出版社,2005.

[24] 王秀娟.城市园林绿地规划[M].北京:化学工业出版社,2009.

[25] 魏向东,宋言奇.城市景观[M].北京:中国林业出版社,2006.

[26] 徐文辉.城市园林绿地规划设计[M].武汉:华中科技大学出版社,2007.

[27] 许浩.景观设计:从构思到过程[M].北京:中国电力出版社,2010.

[28] 许浩.绿地系统与风景园林规划设计[M].北京:化学工业出版社,2014.

[29] 杨赟丽.城市园林绿地规划[M].北京：中国林业出版社，2012.

[30] 杨瑞卿,陈宇.城市绿地系统规划[M].重庆：重庆大学出版社,2011.

[31] 杨小波,吴庆书.城市生态学[M].北京：科学出版社,2006.

[32] 于立晗.城市景观设计[M].北京：化学工业出版社，2015.

[33] 俞孔坚,刘冬云,孟亚凡.景观设计：专业、学科与教育[M].北京：中国建筑工业出版社,2003.

[34] 俞孔坚.景观：文化、生态与感知[M].北京：科学出版社,2000.

[35] 曾先国.景观设计[M].合肥：合肥工业大学出版社，2009.

[36] 翟艳,赵倩.景观空间分析[M].北京：中国建筑工业出版社,2015.

[37] 赵慧宁,赵军.城市景观规划设计[M].北京：中国建筑工业出版社,2010.

[38] 赵晶夫.城市道路规划与美学[M].南京：江苏科学技术出版社,1996.

[39] 郑强,卢圣.城市园林绿地规划[M].北京：气象出版社，2001.

[40] 周初梅.城市园林绿地规划[M].北京：中国农业出版社，2006.

[41] 周敬.景观艺术设计[M].北京：知识产权出版社,2006.

[42] 朱小平,朱彤,朱丹.园林设计[M].北京：中国水利水电出版社,2012.